三坊七巷修缮技艺

中建海峡建设发展有限公司　编著

中国城市出版社

图书在版编目（CIP）数据

三坊七巷修缮技艺/中建海峡建设发展有限公司编著.—北京：中国城市出版社，2021.11（2023.5 重印）
ISBN 978-7-5074-3410-1

Ⅰ.①三… Ⅱ.①中… Ⅲ.①古建筑—修缮加固—研究—福建 Ⅳ.①TU746.3

中国版本图书馆CIP数据核字（2021）第235157号

本书以三坊七巷修缮工程为背景，对古建筑修缮的各部分技术知识进行了全面阐释。全书主要内容包括修缮概述、木作修缮技艺、瓦作修缮技艺、石作修缮技艺、漆作修缮技艺等。

全书可供广大建筑师、建筑技术人员、古建筑修缮工作者等学习参考。

责任编辑：吴宇江　何　楠
版式设计：锋尚设计
责任校对：焦　乐

三坊七巷修缮技艺
中建海峡建设发展有限公司　编著
*
中国城市出版社出版、发行（北京海淀三里河路9号）
各地新华书店、建筑书店经销
北京锋尚制版有限公司制版
天津翔远印刷有限公司印刷
*
开本：880毫米×1230毫米　1/32　印张：6⅞　字数：212千字
2021年7月第一版　2023年5月第二次印刷
定价：**35.00**元
ISBN 978-7-5074-3410-1
　（904376）

本书编委会

主　编：王　耀

副主编：陈　亮　赖金耀

主要编写人员：张书锋　吴志鸿　付绪峰　金舜杰　吴景华

龙海燕　蒋祯阳　王世琼　沈亚波　郑岂凡

李克忠　王　磊　林志高　陈超南　黄朝强

阮志弘　黄秋鹏　王　鸣　李德金　华兵兵

江　娜　王　靓　连晖钰　陈宽炜　黄　斌

林传官　毕鉴臣

顾　问：严龙华　张　鹰　林少鹏　麻胜兰

序

福州有着2200多年的建城史，是国家历史文化名城。三坊七巷是名城中的"明珠"，起于晋成于唐，自清代至民国走向鼎盛，是贵族、名流、士大夫的聚居地。现存古民居约270座，有159处被列入保护建筑，曾先后走出过如严复、林则徐等400多位名人，有多处典型建筑是全国重点文物保护单位，被文化部、国家文物局授予"中国十大历史文化名街"，并有着"中国城市里坊制度活化石"和"中国明清建筑博物馆"的美誉。

习近平总书记指出："保护好古建筑、保护好文物就是保存历史，保存城市的文脉，保存历史文化名城无形的优良传统"。这也为我们在三坊七巷古建筑修缮工作中指明了方向，提供了根本遵循。

20世纪80年代末到90年代初，三坊七巷曾面临被破坏的风险，刚刚到任不久的福州市委书记习近平同志得知这一消息后，要求暂缓拆迁，并于1991年3月10日亲自到三坊七巷林觉民故居、冰心故居主持召开现场办公会，当即决定要将名人故居进行保护，这开启了三坊七巷文化保护的先河。因诸多原因，2007年三坊七巷保护修缮工程正式启动，中建海峡建设发展有限公司承担了这一光荣而又艰苦的任务。由于多年失修，三坊七巷曾显赫多年的深宅大院、名人故居却落魄成了大杂院，几乎是满目疮痍，违章搭盖、电线织网、污水直排、臭气熏天、古墙体脱落、青石板坑洼断损。"旧时王谢堂前燕"已黯然失色，"乌墙黛瓦"的历史风貌正日渐式微。

近年来由于工作关系，加之个人兴趣，我不知多少次踏看三坊七巷，造访了几乎所有名流故居，特别是拜读了这本修缮技艺专著，抚今追昔，掩卷遐思，百感交集，体味"三重"。

一是尊重历史。悠久的历史是福州古城之"根"，古建筑又是历史的重要载体，修缮中务必把"根"留住。坚持"用旧补旧""修旧如旧"原则，力戒张冠李戴，力争恢复风貌风神，不造"假古董"，保留"烟火气"，让后人还能遥想当年"谁知五柳孤松客，却住三坊七巷间"之鸿儒士气。

二是敬重文化。古建筑是文化与艺术的结合体，灿烂文化更是古城之"魂"，修缮中务必把"魂"招回。三坊七巷古建筑文化体现在："马鞍墙体"——流线如波涌；"泥塑墙头"——彩绘冠江南；"门窗雕饰"——集技艺之大成；"水榭吟台"——领诗坛之风骚。"路逢十客九青衿，半是同袍旧弟兄。最忆市桥灯火静，巷南巷北读书声。"（南宋）吕祖谦这首《送朱叔赐赴福州幕府》七绝印证了当年三坊七巷人杰地灵之"文气"。

三是注重创新。习近平总书记指出："创新，是一个国家兴旺发达的不竭动力"。探索创新古城保护修缮模式机制和方法路径，是让古城"活"下去的良方。三坊七巷修缮工作中，中建海峡发展有限公司不仅善用"绣花"功夫、"针灸"手法，远离"大刀阔斧""移花接木"，而且还创新了"政府、院校、企业三位一体"的模式，采取了"名匠与大师联袂"的机制，探索出一条"由实践到理论再实践"的方法路径。中央企业在住房和城乡建设行业创新发展的担当和锐气可见一斑。

中国传统建筑，既是延续2000多年的工程技艺的展现，也是亘古以来自成一统的艺术体系的表达。这其中不可或缺的是极具匠心的修缮技艺，就像瑞士钟表之精准、德国制造之精密、日本手作之精致，而在中国则表现于飞针绣娘之十指春风，表现于古建三雕之鬼斧神工。

　　良匠亦如良医，匠心背后是良心，良心深处见初心。是为序。

2021年6月7日

（序作者蒋金明系福建省住房和城乡建设厅党组成员、副厅长）

前言

　　在我国城镇化发展进程中，许多古旧建筑因未得到妥善保护，加之传统艺人逐渐老去，很多传统建筑技艺难于传承和发展。随着各地文旅产业的蓬勃发展，历史建筑的保护越来越受到关注。为普及古建筑修缮技术，本书以三坊七巷修缮工程为背景，对古建筑修缮的各部分技术知识进行了全面阐释。为便于读者查阅和使用，本书按修缮工种独立编写各章节，内容涵盖了三坊七巷历史文化街区修缮过程各个方面。对工艺要点进行了详细讲述，总结了历史建筑修缮保护的经验和教训，希望对其他古建修缮工作起到参考辅助作用。全书主要内容分为5章：

　　第1章修缮概述：简要介绍了修缮前三坊七巷原状，修缮背景，修缮后面貌，以及修缮内容、原则、材料等。

　　第2章木作修缮技艺：详述了三坊七巷中落地柱、不落地柱、虚拼扁作梁、圆梁、檩条、椽条、扇桁、板类、木楼梯等部位的修缮技艺。

　　第3章瓦作修缮技艺：阐释了三坊七巷中斗底砖、青砖墙、夯土墙、墙体抹灰、泥壁墙、瓦屋面等部位的修缮技艺。

　　第4章石作修缮技艺：剖解了三坊七巷中柱础、石板路面、石基础、天井、卵石路面、台明、石栏杆等部位的修缮技艺。

　　第5章漆作修缮技艺：细叙三坊七巷中灰塑、彩绘、地仗、油漆作的修缮技艺。

　　本书编写人员虽力尽所能，希望通过本书将三坊七巷修缮中的关键工艺技术进行一次全面的诠释，但因时间仓促，能力和经验有限，难免有不足之处，在此深表歉意，并恳请读者不吝赐教，给予批评指正，以便再版时进行更正。

目录

第 1 章

修缮概述

　　三坊七巷地处福建省福州市中心，是福州市老城区，自晋、唐形成起便是贵族和士大夫的聚集地，清至民国走向辉煌，成为福州城繁华的商业中心和文化中心。十条坊巷以南后街为中轴线，呈"非"字形自北到南依次排列。"三坊"分别是衣锦坊、文儒坊、光禄坊，"七巷"分别是杨桥巷、郎官巷、安民巷、黄巷、塔巷、宫巷、吉庇巷（图1-1）。

　　三坊七巷总占地面积38.35hm^2，是福州为数不多留存下来的历史街区之一。街区内现存古民居约270座，有159处被列为文物保护建筑。以沈葆桢故居、林觉民故居、严复故居等9处经典建筑为代表的三坊七巷古建

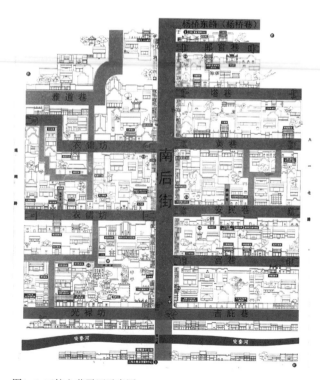

图1-1 三坊七巷平面示意图

筑群，被国务院公布为全国重点文物保护单位，被誉为"明清建筑博物馆""城市里坊制度的活化石"，也是福州的历史之源、文化之根、文脉昌盛之地（图1-2）。

旧时王谢堂前燕，飞入寻常百姓家。随着时间的推移，三坊七巷曾经一度式微，成为寻常百姓人家破旧拥挤、纷纷想要逃离的生活居所。

据2005年统计，三坊七巷人均居住面积只有15.4m^2，远远低于当时福州市人均居住面积25.7m^2，整个街区处于超负荷状态。违法搭盖严重，电线如蜘蛛网密布，消防隐患突出。三坊七巷基础设施落后，由于没有独立的卫生间，居民习惯大清早在家门前倒马桶、刷痰盂，巷子里臭气熏天。生活污水直排，致使安泰河污染严重。同时，历史建筑也破损严重，多处建筑墙体出现腐蚀和脱落现象，路面的石板也被磨得坑坑洼洼，建筑内原本精致的家具与装饰物也失去了往日美丽

图1-2 三坊七巷鸟瞰图

图1-3 修缮前的三坊七巷
（图片来源：http://www.chinadaily.
com.cn/dfpd/fj/2015-01/07/content_
19260824.htm）

的"容颜"。许多建筑年久失修，居民生活在脏乱不堪的空间里，这一历史文化街区的丰富文化内涵逐渐失去了光彩（图1-3）。[1]

此外，三坊七巷的平面空间也受到严重挤压，工业仓储、行政办公用地的比例多达12%，如位于南后街的福州水表厂，位于黄巷内的南街街道办事处、南街派出所，位于文儒坊的福州第三针织厂。新建的多层及高层建筑使三坊七巷整体视觉环境不断被压缩，4~9层的建筑占建筑总量的10.1%之多，严重影响了三坊七巷历史风貌（图1-4）。

2002年，时任福建省省长的

图1-4 修缮前的三坊七巷
（图片来源：http://www.fzcuo.com /index.php?doc-innerlink-叶在琦故居）

1　相关资料来自福州晚报《福州三坊七巷重生记》，下同。

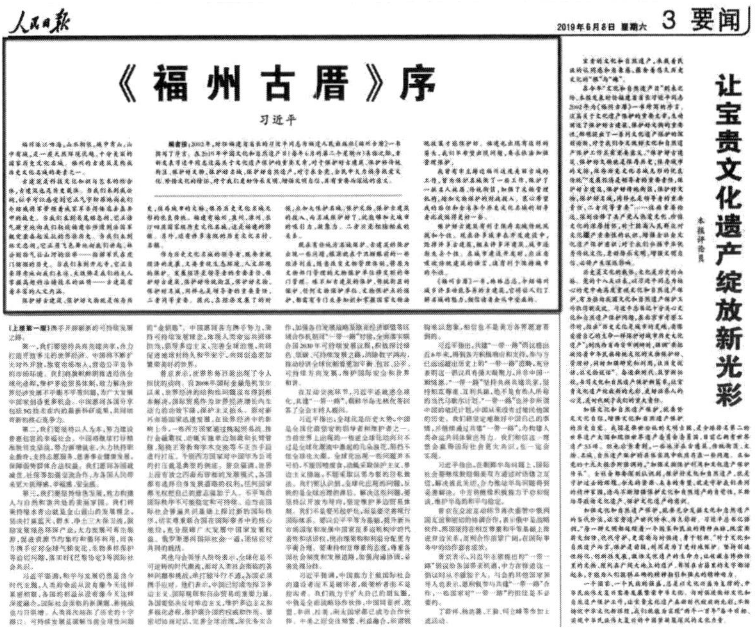
人民日报　2019年6月8日　星期六　3 要闻

《福州古厝》序

习近平

让宝贵文化遗产绽放新光彩

图1-5《福州古厝》序（图片来自《人民日报》）

习近平同志为《福州古厝》一书撰写了序言，他以深邃的思考、生动的笔触，深刻揭示了古建筑的丰富文化内涵，做出了保护好古建筑、保护好文物就是保存历史、保存城市文脉的重要论断，阐明了经济发展和生态、人文环境保护同等重要的关系（图1-5），这对于我们更好传承文明、增强文明自信，具有重要而深远的意义。

2006年，在国家高度重视和地方政府的努力下，三坊七巷古建筑群被列为全国重点文物保护单位。文物保护成为当地政府和社会各界的共识，给这片历史街区的命运带来了转机。

为保护历史建筑、传承历史脉络、打造福州城市名片，福州市政府决定对三坊七巷进行修缮保护与改造。2006—2013年，按照“政府主导、居民参与，实体运作、渐进改善”的指导思路对位于三坊七巷中的131处历史建筑及28处文物保护建筑进行了保护性修缮。

2007年，三坊七巷修缮工程正式启动。中建海峡建设发展有限公司承建了三坊七巷修缮工程。修缮范围内的建筑物以特色古民居为主体，还有附属的亭台楼榭、宗教殿堂庙宇、宗族乡党活动的祠堂馆舍和公共娱乐活动场所及商店等。建筑的主要风貌为青瓦白墙、乌墙黛瓦、石板深巷，以及各种雕刻精美的建筑饰物和多进院落及鳞次栉比的风火墙（马鞍墙），这些建筑风格极具地方特色。

中建海峡建设发展有限公司秉承将物质文化和非物质文化相结合进行保护的理念，坚持"修旧如旧"的原则，最大可能地保留旧有建筑及历史信息，体现真实的传统构造的建筑形式，对历史建筑的保护和修缮展开了一系列的科研与探索。

施工前，修缮人员认真核对设计图纸与现场情况，对结构、装饰、设备的损坏程度进行全面、详细的补充勘察，采用仪器、工具控查、取样，定量、定性检测，形成反映建筑残损状况的图纸、照片、文字资料。发现不安全的结构和构件，及时采取技术处理措施，确保安全施工。

修缮施工中，以修复图及修缮方案为依据，恢复该群体古建筑原有的整体风貌。原有构件能保留的尽量保留（包括经过加固的），没有随意更换。原有构件因折断、糟朽已无法加固使用而必须更换的，经过专家充分论证方可更换。对残损的壁画、彩塑，原状保护，不轻意补绘补塑。特殊需要补绘补塑的，应取慎重态度，在掌握科学依据的基础上制定补绘补塑方案，并经专家论证并报相应的部门批准后，由工程技术人员亲自主持。补绘补塑工作先进行局部试验，然后视效果好坏决定是否按方案进行下一步作业。对已经不存在的壁画、彩塑，一般不再重绘重塑。

在修缮材料的选用上，以尊重传统工艺为前提，主要运用闽东传统建筑材料，注重对石作、泥壁墙等运用。青砖、青瓦采取定烧选样方式，确保砖瓦规制与传统建筑一致。石材主要采用福州白，为延续石材面层纹理效果，采取人工凿剁方式加工。木材主要采用杉圆木，并进行烘干、脱脂及防腐防虫处理。壳灰主要以牡蛎、蚶、蛤等的贝壳代替石灰石作为原料并烧成白灰。乌烟灰则采用柴火燃烧后形成的烟灰并掺入米醋等调配而成。

三坊七巷添加了休息亭、休息桌椅、公共厕所等，基础设施逐渐完善，并有环卫工人定时清扫，保证坊内卫生。整体环境一改往日脏、乱、差、挤的旧貌，变得干净明亮、空气清新（图1-6）。对原先破坏古街道、坊巷的建筑进行了拆除，按照历史上的格局进行了原貌恢复和修缮工作，一些被破坏严重的建筑也加大了修缮力度，使得这些珍贵的古建筑得以保存下来。

修缮后的南后街商业模式多元化，业态以咖啡、西餐、特色小吃、

图1-6 修缮后的三坊七巷（摄于南后街）

金银珠宝、传统手工艺品为主，三坊七巷也不再以居住功能为主，而是以参观游览为主，满足了游客多方面的需要。如今展现在我们眼前的三坊七巷不仅是历史文化街区，而且是城市休闲游憩空间和国家5A级旅游景点（图1-7）。

　　修缮后的三坊七巷的知名度越来越高，其悠久的历史、底蕴深厚的文化和宁静古朴的风貌对各地游客有着巨大的吸引力，来三坊七巷逛南后街、参观名人故居、欣赏明清古建筑的游客络绎不绝。对三坊七巷进行保护，保存的不仅仅是物质载体，更重要的是保存了一段人文历史文化，保存了生活在这里的人们怀念历史、寻找失去记忆的空间。

图1-7　三坊七巷——国家5A级旅游景区

第 2 章
木作修缮技艺

本章内容包括落地柱、不落
地柱、虚拼扁作梁、圆梁、檩条、
椽条、扇桁、板类、木楼梯等木
作工程的修缮。

2.1 修缮准备

2.1.1 技术准备

（1）掌握图纸及技术交底的内容，熟悉建筑物的整体构造。

（2）熟悉各类构件的制作技艺与安装方法，熟悉柱、梁、坊的榫卯做法，熟悉榫卯技术的修缮要求。

（3）根据原有构件，核实图纸上相应部位的规格、尺寸是否准确。

（4）熟悉不同时期，木作加工及安装的不同要求。

2.1.2 材料准备

（1）修缮过程中所用的木料为存放1~2年的原木，因存放时间不足导致木料含水率过高或水分分布不均，不得直接投入使用。

（2）对进场木料进行含水率检测，确保木料含水率低于20%，且符合《古建筑木结构维护与加固技术标准》GB/T 50165—2020第7.2.4条的规定。

（3）大型木构件所用的木料一般选用天然林杉木。

（4）柱、梁、坊等承重构件均采用无拼接的完整木料，且木料材质与原有构件相同。承重结构的木料材质应符合《古建筑木结构维护与加固技术标准》GB/T 50165—2020中第7.2.2条7.2节对于材料的要求（表2-1）。

（5）木材在使用前应详细检查是否有腐朽、疤节、虫蛀、变色、劈裂及其他疵病。若存在严重缺陷，则必须剔出不用。

（6）根据原有构件尺寸及规格准备适合的木料，以免发生大材小用、长材短用、优材劣用等不良现象。

（7）木料应进行防虫、防腐处理。

防虫、防腐剂应符合下列规定：

1）应能防腐、杀虫，或对害虫有驱避作用，且药效高而持久。

2）应对人畜无害，不应污染环境。

3）应对木材无助燃、起霜或腐蚀作用。

4）应无色或浅色，并对油漆、彩画无影响。

承重结构木材材质标准　　　表2-1

项次	缺陷名称	原木材质等级		方木材质等级	
		Ⅰ等材	Ⅱ等材	Ⅰ等材	Ⅱ等材
		受弯构件或压弯构件	受压构件或次要受弯构件	受压构件或压弯构件	受压构件或次要受弯构件
1	腐朽	不允许	不允许	不允许	不允许
2	木节（1）在构件任一面（或沿周长）任何150mm长度所有木节尺寸的总和不得大于所在面宽（或所在部位原木周长）的	2/5	2/3	1/3	2/5
	（2）每个木节的最大尺寸不得大于所测部位原木周长的	1/5	1/4	—	—
3	斜纹 任何1m材长上平均倾斜高度不得大于	80mm	120mm	50mm	80mm
4	裂缝（1）在连接的受剪面上	不允许	不允许	不允许	不允许
	（2）在连接部位的受剪面附近，其裂缝深度（有对面裂缝时用两者之和）不得大于	直径的1/4	直径的1/2	材宽的1/4	材宽的1/3
5	生长轮（年轮）其平均宽度不得大于	4mm	4mm	4mm	4mm
6	虫蛀	不允许	不允许	不允许	不允许

2.1.3 工具准备

（1）手工工具：锛、斧、手推刨刀、平凿、木刻刀（三角刀、圆口刀、斜刀、平铲刀、排刀、方口刀）、墨斗线、线垂、敲锤、水平尺、直角尺、手工锯等。

（2）电动工具：电动刨刀、磨光机、压光机、电锯等。

2.1.4 作业条件

（1）用于修缮作业的场地必须具备防火安全功能，配备灭火器等相应的防火设备，并定期对防火设备进行检查，做好火灾预防措施。

（2）加工棚内要求通风条件良好且配备有效的排尘装置，防止加工人员遭受木屑等粉尘的伤害及影响。

（3）用于修缮作业的场地应具备防雨及遮阳措施。

（4）保证基本的水电设施满足修缮要求。

（5）现场具有足够的场地，满足材料的堆放及转运。

2.2 落地柱

2.2.1 专业术语

（1）穿斗式构架：指沿房屋的进深方向按檩数立一排柱，即每檩下有一落地柱。在进深方向上，柱与柱之间用穿水平枋、夹底等水平构件穿固，使之形成一个整体（图2-1）。

（2）落地柱：大木结构中用于支撑梁架的构件，以中间堂柱为界，往两边依次为"充柱"和"门柱"。

（3）藤条箍：由藤条制成，采用铜钉固定于卯口上下（图2-2）。

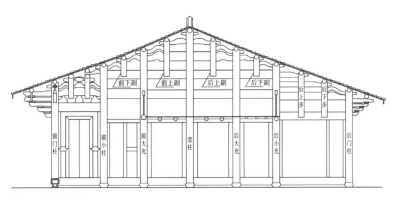

图2-1　穿斗式构架

图2-2　藤条加固（摄于谢家祠）

2.2.2　修缮要点

（1）重新制作的落地柱应依据"以旧修旧"的原则，保持并恢复建筑物的原有结构。

（2）放线要求：尺寸准确，位置和线条明确，相应的标注和符号齐全。盘头线周围顺应平齐，榫卯放线应交错出头，柱头和柱脚盘头线必须有部分留存在成品柱上。

（3）制作工序要求：柱料按传统弹放八卦线进行加工。方柱方正平直，圆柱浑圆直顺，表面光洁无明显机械刨痕；卯眼剔凿且垂直方正、深浅一致、松紧适宜。

（4）柱头柱脚截断位置及榫卯加工处无毛刺、破损等缺陷。

2.2.3　修缮技艺

1．技艺流程

柱材加工→榫卯制作、盘头断肩→加装藤条箍→防虫、防腐处理→做旧处理→标注构件名称→成品堆垛。

图2-3　木柱加工

2．操作技艺

1）柱材加工（图2-3）

（1）参照原结构中的落地柱确定选用木料的尺寸与规格。

（2）圆木柱一般要求采用手工操作。

a．圆木料离地200～300mm放平固定，分别在木料两端迎头处放线。根据柱径在中点处标记，按标记用墨斗标记中线，最后用方尺分中画十字线。

b．放八方线：在圆木料两端分别放正八边形线。

c．按柱两端已放出的八方线各点顺柱身弹好线。根据此线用锛、斧砍平面，一面砍平刨光后，重新弹直线，重复此步骤砍刨其余平面。八面均砍刨后，即为八方形。

d．在八方的基础上放十六角线，再重复砍、刨，使之逐渐接近圆形。最终成型的柱应是正圆形，不能留有死楞，也不能缩减尺寸。

（3）各种柱料的长短在"盘头"工序前应留出适当余量。

2）榫卯制作、盘头断肩

（1）圆柱盘头要求三锯盘齐，截面平直无毛刺和缺口。

（2）榫头厚度应小于榫眼宽度0.1～0.2mm。当榫头厚度大于榫眼宽度时，挤压将引起胶液流失从而降低胶合强度，装配时也容易导致榫眼开裂。榫头宽度应比榫眼长度大0.5～1mm；榫头长度应比榫眼深度小2～3mm，且大于榫眼零件厚度的一半（图2-4、图2-5）。

3）加装藤条箍（图2-6）

加工完卯口后，在卯口上下钉紧藤条箍。首先将藤条劈开，置于水中浸泡，直至水变浑浊，取出晾干。然后将藤条一端削斜，钉在卯口内。藤条在柱身缠绕3圈，每钉一根铜钉，需拉紧固定一次。藤条箍端口应置于木柱背面，保证立面观感。

4）防虫、防腐处理

木柱可采用浸泡法进行防虫、防腐处理。

图2-4　榫卯加工

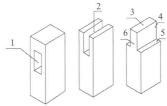

1-榫眼；2-榫槽；3-榫端；
4-榫颊；5-榫肩；6-榫头

图2-5　榫卯结构

图2-6　加装藤条箍

具体方法：用相应规格尺寸的铁槽，或者在地面挖一个地槽，铺上足够坚固的塑料薄膜，做成简易浸泡槽。根据选用的防虫、防腐剂的使用要求配制好相应浓度的溶液，将加工好的木料浸入溶液中，并用重物压住。浸泡时间从数小时至数天不等，视所选用药剂的使用要求而定。根据浸泡前后木材重量评定吸药量，当木材达到要求的吸药量后，取出气干。

注意事项：在浸泡过程中，应用垫板将木材隔开，以增加木材的浸渍面积，确保浸泡均匀；木材的置放、起吊需小心，切忌冲撞浸泡槽，导致防腐剂泄漏；浸泡槽平时应加盖，以防灰尘、异物、雨水等落入，影响防腐处理效果。

5）做旧处理

配置3种不同浓度的水性色汁。色汁原材料：红素50g，黄芪50g，研磨墨汁适量，饮用水3.5kg。将这4种材料放置一起煮至沸腾，待其冷却后均等分为3份：第一份确定为浓度较高的色汁；第二份加入少量的饮用水将其稀释为中等浓度的色样；第三份加入适量的饮用水将其稀释为浓度较低的色样。根据木材的吃色能力确定涂刷不同浓度的色汁，其色泽要与原有旧木材保持统一，不得深于原有旧木材的色样。

6）标注构件名称

（1）在里侧标注构件名称。

（2）要求：标注构件的传统名称（见图2-1），同时标明其在建筑物的具体位置。

（3）安装完成后应将标注去除。

7）成品堆垛

原木保管的意义在于确保已运输到堆场的木材不因保管不当造成木材变质或损害，以致带来重大经济损失。因此，针对原木保管制定下列管理措施：

（1）合理堆垛，保持合理通风、排水。室外原木堆场要求地面平坦，四周应开挖排水沟，便于雨水排放；室内原木堆场要求通风，保证空气流动性达标。

（2）加工好的木柱应按同批次、同种类、同规格归类堆垛。

（3）做好木材堆放区的防虫、防腐处理工作。

2.2.4 质量要求

（1）柱子制作的允许偏差应符合表2-2的规定。

柱子制作的允许偏差　　　　　　　　表2-2

序号	项目	允许偏差
1	柱高	柱自身高的 ±1‰
2	柱直径或截面宽	柱直径（截面宽）的 ±1%
3	柱脚（根）柱头平整	柱直径（截面宽）的 ±1/300
4	柱弯曲	≤柱自身高的1‰
5	柱圆度	≤柱直径的1/10
6	榫卯平整	柱径≤300mm的 ±1mm 柱径≤300～500mm的 ±2mm 柱径≥500mm的 ±3mm

（2）木柱材质必须符合设计要求。

（3）木柱尺寸应符合原有构件尺寸要求。

（4）木结构表面刨光整平，无明显的机械加工痕迹，无毛刺且无锤卯。

（5）木柱榫卯加工后应方正平直，松紧程度满足安装要求。

2.3 不落地柱

2.3.1 专业术语

1. 童柱（矮筒）

架在梁上只顶住屋顶，但不落地的短柱（图2-7、图2-8）。根据部位不同名称不同，如中童柱、上副童柱、下副童柱、上步童柱、下步童柱等。

图2-7 童柱1（摄于林则徐纪念馆）

图2-8 童柱2（摄于林则徐纪念馆）

图2-9 悬充1（摄于冰心故居）

图2-10 悬充2（摄于小黄楼）

2. 悬充

悬充是一种不落地柱，兼有构架与装饰双重作用。一般多布置在游廊口的屋檐下，大多以数个排成一线，主要承载整个檐口重量（图2-9、图2-10）。

2.3.2 修缮要点

（1）重新制作不落地柱应依据"以旧修旧"的原则，保持并恢复建筑物的原结构。

（2）放线要求：尺寸准确，位置和线条明确，相应的标注和符号齐全。盘头线周围顺应平齐。榫卯放线应交错出头，柱头和柱脚盘头线必须有部分留存在成品柱上。

（3）柱头柱脚截断位置及榫卯加工处不能存在毛刺、破损等缺陷。

2.3.3　修缮技艺

1．技艺流程

放线→剔凿卯眼、锯出檩碗及包肩→刨直、刨光→加装藤条箍→防虫、防腐处理→做旧处理→标准构件名称→成品堆垛。

2．操作技艺

1）放线

（1）使用墨线对柱进行弹线或画线。

（2）童柱榫肩的放线应将童柱垂直架立在摆放水平的梁身相应部位上，使童柱和梁四面中线重合，然后在童柱榫长的燕尾岔口一端按梁背与童柱相交部位的实际形状为基准移动，一端蘸墨在童柱四面摹画出榫肩的实际轮廓线。

（3）榫卯放线应交错出头。

（4）柱头、柱脚盘头线必须有部分留存在成品柱子上。

2）剔凿卯眼、锯出檩碗及包肩

（1）按所画尺寸剔凿卯眼，锯出檩碗及包肩。其中，檩碗要与檩的弧度相符，深度约为1/3檩径。

（2）童柱等不落地柱，须做榫头。榫头位于柱身中心的1/3，宽度与柱侧面同宽，深度取宽度的1/3。若立在圆作梁上，需做包肩，弧度按圆作梁的弧度。

（3）榫头厚度应小于榫眼宽度0.1~0.2mm。当榫头厚度大于榫眼宽度时，挤压将会引起胶液流失从而降低胶合强度，装配时也容易导致榫眼开裂。榫头宽度应比榫眼长度大0.5~1mm；榫头长度应比榫眼深度小2~3mm，且大于榫眼零件厚度的一半。

3）刨直、刨光

加工好的童柱及悬充应用手工刨刀进行刨光和刨直，同时确保木材表面不留机械加工痕迹。

4）加装藤条箍

加工完卯口后，在卯口上下钉紧藤条箍。藤条箍应用铜钉固定，将藤条一端削斜，钉在卯口内，藤条在柱身缠绕3圈，每钉一根铜钉，需拉紧固定一次。藤条箍端口应置于木柱背面，保证立面观感。

5）防虫、防腐处理

不落地柱可采用浸泡法进行防虫、防腐处理。

具体方法：用相应规格尺寸的铁槽，或者在地面挖一个地槽，铺上足够坚固的塑料薄膜，做成简易浸泡槽。根据选用的防虫、防腐剂的使用要求配制好相应浓度的溶液，将加工好的木料浸入溶液中，并用重物压住。浸泡时间从数小时至数天不等，视所选用药剂的使用要求而定。根据浸泡前、后木材重量评定吸药量，当木材达到要求的吸药量后，取出气干。

注意事项：在浸泡过程中，应用垫板将木材隔开，以增加木材的浸渍面积，确保浸泡均匀；木材的置放、起吊需小心，切忌冲撞浸泡槽，导致防腐剂泄漏；浸泡槽平时应加盖，以防灰尘、异物、雨水等落入，影响防腐处理效果。

6）做旧处理

配置3种不同浓度的水性色汁。色汁原材料：红素50g，黄芪50g，研磨墨汁适量，饮用水3.5kg。将这4种材料放置一起煮至沸腾，待其冷却后均等分为3份：第一份确定为浓度较高的色汁；第二份加入少量的饮用水将其稀释为中等浓度的色样；第三份加入适量的饮用水将其稀释为浓度较低的色样。根据木材的吃色能力确定涂刷不同浓度的色汁，其色泽要与原有旧木材保持统一，不得深于原有旧木材的色样。

7）标注构件名称

（1）在里侧标注构件名称。

（2）要求：标注构件的传统名称（见图2-1），同时标明其在建筑物的具体位置。

（3）安装完成后应将标注去除。

8）成品堆垛

原木保管的意义在于确保已运输到堆场的木材不因保管不当造成木材变质或损伤，以致带来重大经济损失。因此，针对原木保管制定下列管理措施：

（1）合理堆垛，保持合理通风、排水。室外原木堆场要求地面平坦，四周应开挖排水沟，便于雨水排放，室内原木堆场要求通风，保证空气流通。

（2）加工好的童柱及悬充应按同批次、同种类、同规格归类堆垛。

（3）做好木材堆放区的防虫、防腐处理工作。

2.3.4　质量要求

（1）柱子制作的允许偏差和检验方法应符合表2-1的规定。

（2）木柱材质应符合本书2.1.2节的各种要求。

（3）木柱尺寸应符合原有构件尺寸要求。

（4）木结构表面刨光整平，无明显的机械加工痕迹，无毛刺且无锤印。

（5）木柱榫卯加工后应方正平直，松紧程度满足安装要求。

2.4　虚拼扁作梁

2.4.1　修缮要点

（1）重新制作的梁应依据"以旧修旧"的原则，保持并恢复建筑物的原结构。

（2）放线要求：尺寸准确，位置和线条明确，相应的标注和符号齐全。盘头线周围顺应平齐，榫卯放线应交错出头。

（3）重新制作扁作梁的表面浑圆直顺、光洁，无明显机械刨痕；卯眼剔凿必须垂直方正、深浅一致、松紧适宜（图2-11、图2-12）。

（4）扁作梁两端截断位置及榫卯加工处无毛刺、破损等缺陷。

2.4.2　修缮技艺

1．技艺流程

虚拼扁作梁所用木材加工→弹线、画线→主拼梁及拼板加工（合缝）→拼作→制作榫卯→倒棱、刨光→标注构件名称→成品堆垛。

图2-11 扁作梁1（摄于南后街）

图2-12 扁作梁2（摄于谢家祠）

2．操作技艺

1）虚拼扁作梁所用木材加工

（1）剥除原木树皮，依据原有梁的尺寸确定扁作梁
制作的尺寸与规格。

（2）根据尺寸规格用斧头粗砍出主拼梁和拼板的
用材。

2）弹线、画线

（1）使用墨线在木材上做好弹线和画线。

（2）画出主拼梁与拼板的拼合线和榫头线。

（3）榫卯放线应交错出头。

3）主拼梁及拼板加工（合缝）

（1）主拼梁需将梁两侧与梁底三面均锯平。用墨斗在梁顶面两侧弹出直线，劈成斜边。

（2）拼板按主拼梁的斜边砍劈成相应的斜度。

（3）将两个拼合的面刨直、刨平、刨光，使得拼合面没有缝隙，完成合缝。

（4）做好防虫、防腐处理工作。

4）拼作

（1）在拼合的面上确定竹钉位置，并做好标记。

（2）按照标记钻孔并钉入竹钉。

（3）用竹钉将拼板与主拼梁拼合，在拼合面涂上胶粘剂增加牢固度。

5）制作榫卯，倒棱、刨光

（1）根据榫卯的画线，剔凿榫头，并刨光、刨平。

（2）将制作好的扁作梁梁底角做好倒棱工作。

（3）梁表面做好刨光处理，保证圆梁两端截面平直无毛刺和缺口，表面无明显刨痕。

（4）榫头厚度应小于榫眼宽度0.1～0.2mm。当榫头厚度大于榫眼宽度时，由于挤压引起胶液流失从而降低胶合强度，装配时也容易使榫眼开裂。榫头宽度比榫眼长度大0.5～1mm；榫头长度比榫眼深度小2～3mm，并大于榫眼零件厚度的一半。

6）成品堆垛

（1）合理堆垛。堆垛处保持合理通风和排水。针对室外原木堆场，地面平坦，四周应开挖排水沟，便于雨水排除。室内原木堆场要求通风，保障空气流通。

（2）加工好的梁同批次、同种类、同规格的归类堆垛。

（3）做好木材堆放区的防虫、防腐处理工作。

2.4.3 质量要求

（1）扁作梁制作的允许偏差应符合表2-3的规定。

梁制作的允许偏差 表2-3

序号	项目	允许偏差
1	梁长度（中线位置准确）	±5mm
2	梁截面宽	±1/20梁截面宽
3	梁截面高	低出部分–1/30梁截面高，高出部分不限
4	榫卯平整	柱径≤300mm的±1mm 柱径≤300~500mm的±2mm 柱径≥500mm的±3mm

（2）扁作梁材质应符合本书2.1.2节的各项要求。

（3）扁作梁尺寸应符合原有构件尺寸要求。

（4）木结构表面刨光整平，无明显的机械加工痕迹，无毛刺且无锤印。

（5）扁作梁榫卯加工后应方正平直，松紧程度满足安装要求。

2.5 圆梁

2.5.1 修缮要点

（1）重新制作的圆梁应依据"以旧修旧"的原则，保持并恢复建筑物的原结构（图2-13）。

（2）放线要求：尺寸准确，位置和线条明确，相应的标注和符号齐全。盘头线周围顺应平齐，榫卯放线应交错出头，柱头和柱脚盘头线应有部分留存在成品柱上。

图2-13　圆梁（摄于林则徐纪念馆）

（3）圆梁浑圆直顺，表面光洁无明显机械刨痕；卯眼剔凿且垂直方正、深浅一致、松紧适宜。

（4）圆梁截断位置及榫卯加工处无毛刺、破损等缺陷。

2.5.2 修缮技艺

1．技艺流程

圆梁用木材加工→圆梁加工、榫卯剔凿、刨光→防虫、防腐处理→做旧处理→标注构件名称→成品堆垛。

2．操作技艺

1）圆梁用木材加工

（1）参照原结构中的圆梁确定木材尺寸与规格。

（2）圆梁用木材加工，其做法参考落地柱的"柱材加工"。

2）圆梁加工、榫卯剔凿、刨光

（1）在加工好的木材上画出榫头线，同时点画各种枋、梁卯口线，并在上述各线上标画各线标识符号。榫卯放线应交错出头。

（2）圆梁上下两面做平面，平面的宽度最小为100mm，这样会使榫卯受力更大更好。

（3）做好平面后，圆梁两端按画线制作榫头，榫头多余部分先用斧头粗砍成圆形，然后细砍处理光平。

（4）圆梁制作通常有向上的弯拱，可利用圆木自然的拱势进行修整。

（5）加工好的圆梁应用手工刨刀刨光、刨圆滑。保证圆梁两端截面平直、无毛刺、无缺口，表面无明显刨痕。

（6）榫头厚度应小于榫眼宽度0.1~0.2mm。当榫头厚度大于榫眼宽度时，挤压将引起胶液流失从而降低胶合强度，装配时也容易导致榫眼开裂。榫头宽度应比榫眼长度大0.5~1mm；榫头长度应比榫眼深度小2~3mm，且大于榫眼零件厚度的一半。

3）防虫、防腐处理

圆梁可采用浸泡法进行防虫、防腐处理。

具体方法：用相应规格尺寸的铁槽，或者在地面挖一个地槽，铺上足够坚固的塑料薄膜，做成简易浸泡槽。根据选用的防虫、防腐剂的使用要求配制好相应浓度的溶液，将加工好的木料浸入溶液中，并用重物压住。浸泡时间从数小时至数天不等，视所选用药剂的使用要求而定。根据浸泡前、后木材重量评定吸药量，当木材达到要求的吸药量后，取出气干。

注意事项：在浸泡过程中，应用垫板将木材隔开，以增加木材的浸渍面积，确保浸泡均匀。木材的置放、起吊需小心，切忌冲撞浸泡槽，导致防腐剂泄漏。浸泡槽平时应加盖，以防灰尘、异物、雨水等落入，影响防腐处理效果。

4）做旧处理

配置3种不同浓度的水性色汁。色汁原材料：红素50g，黄芪50g，研磨墨汁适量，饮用水3.5kg。将这4种材料放置一起煮至沸腾，待其冷却后均等分为3份：第一份确定为浓度较高的色汁；第二份加入少量的饮用水将其稀释为中等浓度的色样；第三份加入适量的饮用水将其稀释为浓度较低的色样。根据木材的吃色能力确定涂刷不同浓度的色汁，其色泽要与原有旧木材保持统一，不得深于原有旧木材的色样。

5）标注构件名称

（1）圆梁要求在向上一侧标注名称。

（2）要求：标注构件传统名称，同时标明其在建筑物的具体位置。

6）成品堆垛

原木保管的意义在于确保已运输到堆场的木材不因保管不当，造成木材变质或损害，以致带来重大经济损失。因此，针对原木保管，制定下列管理措施：

（1）合理堆垛，保持合理通风、排水。室外原木堆场要求地面平坦、四周应开挖排水沟，便于雨水排放；室内原木堆场要求通风，保障空气流动性达标。

（2）加工好的圆梁同批次、同种类、同规格归类堆垛。

（3）做好木材堆放区的防虫、防腐处理工作。

2.5.3 质量要求

（1）圆梁制作的允许偏差应符合表2-2的规定。

（2）圆梁材质应符合本书2.1.2节的各项要求。

（3）圆梁尺寸应符合设计及原有构件尺寸要求。

（4）木结构表面刨光整平，无明显的机械加工痕迹，同时无毛刺。

（5）圆梁榫卯加工后应方正平直，松紧程度满足安装要求。

2.6 檩条

2.6.1 专业术语

檩条：檩条在福州也称为桁或楹，用以支撑椽子或屋面材料，由其将屋面荷载传递给承重梁柱（图2-14）。

图2-14 檩条（摄于谢家祠）

2.6.2 修缮要点

（1）重新制作的檩条应依据"以旧修旧"的原则，保持并恢复建筑物的原结构。

（2）放线要求：尺寸准确，位置和线条明确，相应的标注和符号齐全。

（3）榫卯放线应交错出头。

（4）檩条两端截断位置及榫卯加工处无毛刺、破损等缺陷。

2.6.3 修缮技艺

1．技艺流程

檩条木材加工→榫卯制作、盘头断肩→防虫、防腐处理→做旧处理→标注构件名称→成品堆垛。

2．操作技艺

1）檩条木材加工

（1）参照原檩条尺寸，确定檩条尺寸与规格。

（2）檩条加工。

a．柱料离地面200~300mm以上放平垫正，使之不要移动。弹线宜两人同时进行，两人分别在原木迎头处，根据柱径分中点好标记，再按标记用墨斗垂直吊好，标记中线，然后用方尺分中画成十字线。

b．放八方线用四六分之，即所谓"四六分八方"。如做直径为一尺的柱子，先画出十字线，由十字交点向上下左右各点五寸，再由五寸各点向两侧点二寸，连接各点成为正八方形，称之为八卦线。下一道工序是砍八方，按圆木两端已放出的八卦线各点顺圆木弹好线，依此线用锛、斧砍平面（砍面要平，并且留线），砍完一面刨光一面，复弹线，再砍另一面，刨光，复弹线。以此类推，八面都完成后，即是八方形。

c．在八方的基础上放十六角线，使之逐渐接近圆形。十六方线放法：将八方每面分4等分，将每个角内接起来成十六方形。依十六方形砍圆刨光。檩条原材砍刮完成后应是正圆形，不能留有死楞，更不能将尺寸砍小。

（3）檩条木料和长短在"盘头"工序前应留出适当余量。

（4）加工好的檩条原料，按要求分类码放待用。

2）榫卯制作、盘头断肩

（1）在加工好的木材上画出盘头线和榫头线，同时点画各种枋、梁卯口线。榫卯放线应交错出头。

（2）按木材上的画线盘头断肩和制作榫卯。

a．圆柱盘头要求三锯盘齐，截面平直无毛刺和缺口。

b．榫头厚度应小于榫眼宽度0.1~0.2mm，当榫头厚度大于榫眼宽度时，挤压将引起胶液流失从而降低胶合强度，装配时也容易导致榫眼开裂；榫头宽度应比榫眼长度大0.5~1mm；榫头长度应比榫眼深度小2~3mm且大于榫眼零件厚度的一半。

3）防虫、防腐处理

檩条可采用浸泡法进行防虫、防腐处理。

具体方法：用相应规格尺寸的铁槽，或者在地面挖一个地槽，铺上足够坚固的塑料薄膜，做成简易浸泡槽。根据选用的防虫、防腐剂的使用要求配制好相应浓度的溶液，将加工好的木料浸入溶液中，并用重物压住。浸泡时间从数小时至数天不等，视所选用药剂的使用要求而定。

根据浸泡前后木材重量评定吸药量，当木材达到要求的吸药量后，取出气干。

注意事项：在浸泡过程中，应用垫板将木材隔开，以增加木材的浸渍面积，确保浸泡均匀；木材的置放、起吊需小心，切忌冲撞浸泡槽，导致防腐剂泄漏；浸泡槽平时应加盖，以防灰尘、异物、雨水等落入，影响防腐处理效果。

4）做旧处理

配置3种不同浓度的水性色汁。色汁原材料：红素50g，黄芪50g，研磨墨汁适量，饮用水3.5kg。将这4种材料放置一起煮至沸腾，待其冷却后均等分为3份：第一份确定为浓度较高的色汁；第二份加入少量的饮用水将其稀释为中等浓度的色样；第三份加入适量的饮用水将其稀释为浓度较低的色样。根据木材的吃色能力确定涂刷不同浓度的色汁，其色泽要与原有旧木材保持统一，不得深于原有旧木材的色样。

5）标注构件名称

（1）檩条要求在向上一侧标注名称。

（2）要求：标注构件传统名称，同时标明其在建筑物的具体位置。

6）成品堆垛

原木保管的意义在于确保已运输到堆场的木材不因保管不当造成木材变质或损害，以致带来重大经济损失。因此，针对原木保管，制定下列管理措施：

（1）合理堆垛，保持合理通风、排水。室外原木堆场要求地面平坦，四周应开挖排水沟，便于雨水排放；室内原木堆场要求通风，保证空气流动性达标。

（2）檩条所用原料在堆放前应去除树皮，然后再进行交叉层排列堆垛。避免树皮携带的菌虫侵入原木。

（3）做好木材堆放区的防虫、防腐处理工作。

2.6.4　质量要求

（1）檩条制作的允许偏差应符合表2-4的规定。

檩条制作的允许偏差　　　　　　表2-4

序号	项目	允许偏差
1	檩条长度	±3mm
2	檩径	±1/50檩径

（2）檩条材质应符合本书2.1.2节的各项要求。

（3）檩条尺寸应符合原有构件尺寸要求。

（4）木结构表面刨光整平，无明显的机械加工痕迹，同时无毛刺。

（5）檩条榫卯加工后应方正平直，松紧程度满足安装要求。

2.7　椽条

2.7.1　专业术语

椽条：是排于檩条上，与檩条正交，直接承受望板及其上屋面重量的构件（图2-15）。

图2-15　椽条（摄于林则徐纪念馆）

2.7.2 修缮要点

（1）椽条除朝向屋面一侧外，其余3面均应刨光处理。
（2）椽条间距一般保持中到中180mm左右。
（3）椽板两端截断位置无毛刺、破损等缺陷。

2.7.3 修缮技艺

1．技艺流程

椽板方料加工→刨直、刨光→防虫、防腐处理→做旧处理→成品堆垛。

2．操作技艺

1）椽板方料加工

（1）椽板的材料一般选比较直的木材，要比实际做好的椽板厚15～20mm，用以刨直时使用。

（2）根据设计尺寸，将椽板压刨成相应厚度，椽板厚度应严格按照设计要求加工。

2）刨直、刨光

用手工刨刀将初步加工好的椽板进行三面刨光，确保成品无毛刺、破损及明显的机械加工痕迹。

3）防虫、防腐处理

椽板可采用喷淋法进行防虫、防腐处理。喷淋一般选用农用喷雾器，面积较大时可采用电动喷雾器。喷雾处理一般至少要做3次以上，喷淋后待木材表面稍干时才能进行第二次喷淋。

4）做旧处理

配置3种不同浓度的水性色汁。色汁原材料：红素50g，黄芪50g，研磨墨汁适量，饮用水3.5kg。将这4种材料放置一起煮至沸腾，待其冷却后均等分为3份：第一份确定为浓度较高的色汁；第二份加入少量的饮用水将其稀释为中等浓度的色样；第三份加入适量的饮用水将其稀释为浓度较低的色样。根据木材的吃色能力确定涂刷不同浓度的色汁，其色泽要与原有旧木材保持统一，不得深于原有旧木材的色样。

　　5）成品堆垛

　　合理堆垛，保持合理通风、排水。室外原木堆场要求地面平坦，四周应开挖排水沟，便于雨水排放；室内原木堆场要求通风，保证空气流动性达标。

2.7.4　质量要求

　　（1）椽板材质应符合本书2.1.2节的各项要求。

　　（2）椽板尺寸必须符合原有构件尺寸要求。

　　（3）木结构表面刨光整平，无明显的机械加工痕迹，无毛刺且无锤印。

2.8　扇桁

2.8.1　材料和质量要点

　　（1）扇桁的材料一般选比较直的木材，要比实际做好的扇桁厚15～20mm，用以刨直时使用。

　　（2）扇桁的制作长度为扇桁长加上全榫，稍微再长80～100mm，安装完成后再锯掉长度超出的部分。

　　（3）扇桁两端截断位置无毛刺、破损等缺陷。

　　（4）扇桁表面无明显机械加工痕迹。曲线加工要求圆润和缓、平齐无错台。

　　（5）弹放线工序要求：尺寸准确，各种线型、符号齐全。

2.8.2　修缮技艺

　　1．技艺流程

　　扇桁板材粗加工→刨直、刨光→板材拼合再加工→榫卯弹放线与制作→防虫、防腐处理→做旧处理→成品堆垛。

2．操作技艺

1）扇桁板材加工

加工扇桁以原木心材锯出的板材为佳。拼扇桁的板材片好适宜的厚度即可，无须锯方。锯好板材由大木匠捉对拼合，事先量好适合的两块板材，按设计好的样式将木料的一边弹直，劈去不要部分。

2）刨直、刨光

用粗刨刨光，再用细长刨刨直、刨平，确保成品无毛刺、破损及明显的机械加工痕迹。

3）板材拼合

（1）板材拼合起来没有缝隙就是合好缝，再划出要加钉竹钉的位置线，即可进行钻孔。孔的大小在15mm左右。将竹钉先钉于一片木板上，为了更加牢固，需用白乳胶黏合。扇桁叠好缝，在合缝面涂上青漆或白乳胶，用大木槌敲击合成，拼作好后放于干燥处晾干，再作加工。

（2）晾干后先将扇桁向下的那一面弹直，砍劈好后将向上的一面弹好，向上的一面并非直线的，其中间较高，这样做的主要目的是安装时比较容易。上下面砍劈好后开始刨，上下两面只要刨光即可，而厚度标准是刨成中间这段较厚些，两边较薄一些，这样做也是为了容易安装。

4）榫卯弹放线与制作

（1）使用墨线在扇桁上做好弹线和放线。

（2）榫卯放线应交错出头，以备查验。

（3）榫头尺寸应准确，榫卯加工满足质量关键要求。

5）防虫、防腐处理

扇桁可采用浸泡法进行防虫、防腐处理。

具体方法：用相应规格尺寸的铁槽，或者在地面挖一个地槽，铺上足够坚固的塑料薄膜，做成简易浸泡槽。根据选用的防虫、防腐剂的使用要求配制好相应浓度的溶液，将加工好的木料浸入溶液中，并用重物压住。浸泡时间从数小时至数天不等，视所选用药剂的使用要求而定。根据浸泡前、后木材重量评定吸药量，当木材达到要求的吸药量后，取出气干。

注意事项：在浸泡过程中，应用垫板将木材隔开，以增加木材的浸渍面积，确保浸泡均匀；木材的置放、起吊需小心，切忌冲撞浸泡槽，导致防腐剂泄漏；浸泡槽平时应加盖，以防灰尘、异物、雨水等落入，影响防腐处理效果。

6）做旧处理

配置3种不同浓度的水性色汁。色汁原材料：红素50g，黄芪50g，研磨墨汁适量，饮用水3.5kg。将这4种材料放置一起煮至沸腾，待其冷却后均等分为3份：第一份确定为浓度较高的色汁；第二份加入少量的饮用水将其稀释为中等浓度的色样；第三份加入适中的饮用水将其稀释为浓度较低的色样。根据木材的吃色能力确定涂刷不同浓度的色汁，其色泽要与原有旧木材保持统一，不得深于原有旧木材的色样。

7）成品堆垛

（1）合理堆垛，保持合理通风、排水。室外原木堆场要求地面平坦，四周应开挖排水沟，便于雨水排放；室内原木堆场要求通风，保证空气流动性达标。

（2）成品木构件应按同批次、同种类、同规格归类堆垛。

（3）做好木材堆放区的防虫、防腐处理工作。

2.8.3 质量要求

（1）木构件材质应符合本书2.1.2节的各项要求。

（2）扇桁尺寸应符合原有构件尺寸要求。

（3）木结构表面刨光整平，无明显的机械加工痕迹，无毛刺且无锤印。

（4）榫卯加工后应方正平直，松紧程度满足安装要求。

2.9　板类

2.9.1　专业术语

（1）搏风板：是硬悬山和歇山山面遮蔽各檩条外伸端头的遮护板，用以保护檩头免受风吹雨打并起装饰作用（图2-16）。

图2-16 搏风板（摄于南后街）

图2-17 封檐板（摄于林则徐纪念馆）

（2）封檐板：封檐板又称檐口板、遮檐板，是指在屋面檐口顶部外侧的挑檐处的木板（图2-17）。

（3）望板：又称屋面板，铺设于椽上的木板，以承屋瓦之用（图2-18）。

图2-18 望板（摄于黄巷）

2.9.2 修缮要点

（1）板材的拼接数量不宜过多，以不超过3块为宜。

（2）搏风板拼接时，接头应处于檩条中；封檐板拼接时，接头应处于椽条中，且接缝不应处于建筑中间位置，避免出现破中；搏风板和封檐板拼接时，接头缝应垂直于地面。

（3）重新制作的板类木构件遵循"以旧修旧"的原则。

（4）放线要求：尺寸准确，位置和线条明确，相应的标注和符号齐全。榫卯放线应交错出头。

（5）板材截断位置及榫卯加工处无毛刺、破损等缺陷。

（6）构件表面加工后应光平，且无明显的机械痕迹；曲线加工要求圆润和缓、平齐无错台，各种指标符合相关标准规范要求。

2.9.3 修缮技艺

1. 技艺流程

确定板材尺寸、放线→榫卯加工→刨直、刨光→防虫、防腐处理→做旧处理→标注构件名称→成品堆垛。

2. 操作技艺

1）确定板材尺寸、放线

板长度、宽度、曲线、头尾依实样样板制作，放线及标注明确清晰。

2）榫卯加工

（1）搏风板及封檐板：两块板拼接时应采用企口榫，接头缝应垂直于地面。

（2）贴栿：根部在下，靠柱一侧贴立柱收分面，另一侧垂直。靠柱面做出贴合柱身的凹槽，垂直面做裙板及灰板壁木骨等的卯口。贴栿下端斜出贴合槛木，做凹槽。前后面刮平刨光。

（3）楼（地）板：拼接口用企口缝（公母槽）。用竹钉钉在棱木上，在楼板中间预留几块楼板，用木板挤压，待楼板面收缩稳定后，再封填预留的空档。楼板面层刮平刨光。

3）防虫、防腐处理

板类木构件可采用浸泡法进行防虫、防腐处理。

具体方法：用相应规格尺寸的铁槽，或者在地面挖一个地槽，铺上足够坚固的塑料薄膜，做成简易浸泡槽。根据选用的防虫、防腐剂的使用要求配制好相应浓度的溶液，将加工好的木料浸入溶液中，并用重物压住。浸泡时间从数小时至数天不等，视所选用药剂的使用要求而定。通过浸泡前后木材重量评定吸药量，当木材达到吸药量后，取出气干。

注意事项：在浸泡过程中，应用垫板将木材隔开，以增加木材的浸渍面积，确保浸泡均匀；木材的置放、起吊需小心，切忌冲撞浸泡槽，导致防腐剂泄漏；浸泡槽平时应加盖，以防灰尘、异物、雨水等落入，影响防腐处理效果。

4）做旧处理

配置3种不同浓度的水性色汁。色汁原材料：红素50g，黄芪50g，研磨墨汁适量，饮用水3.5kg。将这4种材料放置一起煮至沸腾，待其冷却后均等分为3份：第一份确定为浓度较高的色汁；第二份加入少量的饮用水将其稀释为中等浓度的色样；第三份加入适量的饮用水将其稀释为浓度较低的色样。根据木材的吃色能力确定涂刷不同浓度的色汁，其色泽要与原有旧木材保持统一，不得深于原有旧木材的色样。

5）成品堆垛

（1）合理堆垛，保持合理通风、排水。室外原木堆场要求地面平坦，四周应开挖排水沟，便于雨水排放；室内原木堆场要求通风，确保空气流动性达标。

（2）加工好的板类木构件同批次、同种类、同规格的归类堆垛。

（3）板类木构件应按原有位置做好相应的标注。

（4）做好木材堆放区的防虫、防腐处理工作。

2.9.4 质量要求

（1）板类构件制作的允许偏差应符合表2-5的规定。

板类构件制作的允许偏差 表2-5

序号	项目		允许偏差
1	板（截）面尺寸	厚	±1/30板厚
		宽	±1/100板宽
2	板缝拼接缝隙		≤1mm
3	板面平整		≤2mm
4	板厚		±2mm

（2）板类构件材质应符合本书2.1.2节的各项要求。

（3）板类构件尺寸应符合原有构件尺寸要求。

（4）木结构表面刨光整平，无明显的机械加工痕迹，无毛刺且无锤印。

（5）板类构件榫卯加工后应方正平直，松紧程度满足安装要求。

2.10 木楼梯

2.10.1 修缮要点

（1）木楼梯的样式及尺寸应根据设计图纸及福州传统或原有构件的样式及尺寸确定（图2-19、图2-20）。

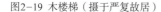

图2-19 木楼梯（摄于严复故居）　　图2-20 木楼梯（摄于谢家祠）

（2）楼梯梁两端与上部承重梁及下部木枋的连接必须采用榫卯。

（3）楼梯踏脚板、踢脚板、三角木应采用一定的榫卯连接，且榫卯深度应相对精确。

（4）当木质楼梯宽度大于或等于1m时，每段楼梯应采用三根斜梁。木质楼梯总宽度不应大于1.5m。

（5）踏脚板后不应小于20mm，同一楼梯踏脚板宽度应一致。踢脚板厚宜为12～20mm，同一楼梯踢脚板高度应一致。踏脚板与踢脚板结合处应开槽相交，槽深宜为3～5mm。

（6）两斜梁应平行，不翘曲。扶手安装应牢固、不晃动。踏脚板、踢脚板结合应紧密，走动无响声。

（7）放线要求：尺寸准确，位置和线条明确，相应的标注和符号齐全。榫卯放线应交错出头。

（8）板材截断位置及榫卯加工处无毛刺、破损等缺陷。

（9）构件表面加工后应光平，且无明显的机械痕迹；曲线加工要求圆润和缓、平齐无错台。

2.10.2 修缮技艺

1．技艺流程

确定楼梯尺寸及做法→楼梯构件加工→楼梯基座安装（木枋或石材）→榫卯剔凿→标注构件名称→楼梯安装。

2．操作技艺

1）严格按照设计及原有楼梯制式及尺寸，确定重新制作楼梯的做法。

2）楼梯构件加工

（1）加工各构件的木料：根据尺寸及样式要求准备相应规格的木料。

（2）放线：根据楼梯的尺寸画出卯口榫肩线。榫卯放线应交错出头。

（3）木构件加工：按画线开榫肩凿卯口，踏脚板及踢脚板应制作相应的企口。

（4）标注名称并码放

a．合理堆垛，保持合理通风、排水。室外原木堆场地面要平坦，四周应开挖排水沟，便于雨水排除。室内原木堆场要求通风，空气流动性要好。

b．加工好的木楼梯应按同批次、同种类、同规格归类堆垛。

c．做好木材堆放区的防虫、防腐处理工作。

3）楼梯基座安装（木枋或石材）、榫卯剔凿

楼梯梁两端与上部承重梁及下部木枋的连接必须采用榫卯。

4）楼梯安装

（1）素楼梯的踏脚板、踢脚板两端与斜梁应开槽连接。踏脚板槽深应为30～40mm，踢脚板槽深应为20～30mm，且均不得大于斜梁后的1/3。楼梯两斜梁之间应采用木构件榫卯连接或采用螺栓拉结。连接斜梁的构件间距应小于1.5m。当采用木构件连接时，其断面面积不应小于5000mm²，榫断面面积不得小于2500mm²，且每段楼梯不得少于2根连接构件。

（2）阳楼梯应采用三角木与斜梁连接，三角木的木纹应与楼梯斜梁木纹方向一致。三角木的厚度应为30～50mm。每块三角木的两端均至少应用2枚铁钉与斜梁连接。当木质较硬时，应先钻孔再钉钉，钻孔深度宜为钉长的3/5。阳楼梯斜梁之间的连接构件可按照素楼梯的做法执行。

（3）楼梯斜梁上端应与楼面上的木构件连接牢固，下端应搁置于楼梯基座上或构件上，并采用螺栓与基座连接。当直角转弯楼梯平台不采用落地脚时，应增加悬挑构件，上、下两斜梁应采用榫卯和铁件进行连接加固。

（4）楼梯栏杆高度不应低于900mm，同一建筑楼梯栏杆高度应一致。楼梁与芯子结合应牢固、紧密、垂直。栏杆扶手、芯子不应有绕曲。扶手应齐直，连接点平齐牢固，转弯匀和，接缝严密。

2.10.3 质量要求

（1）木楼梯构件制作、组装允许偏差应符合表2-6的规定。

（2）木楼梯材质应符合本书2.1.2节的各项要求。

（3）木楼梯尺寸一般为原有构件尺寸要求。

（4）木结构表面刨光整平，无明显的机械加工痕迹，无毛刺且无锤印。

（5）木楼梯榫卯加工后应方正平直，松紧程度满足安装要求。

（6）木楼梯的踢脚板和踏脚板必须安装牢固，严实无缝；楼梯横梁背严背实，坚固有效。

（7）木楼梯构件安装应保证楼梯宽窄一致、方正平直。

木楼梯构件制作、组装允许偏差　　　表2-6

序号	项目	允许偏差			
		楼梯梁		踢脚板、踏脚板	
1	用材尺寸	±1/50本身尺寸		±1/50本身尺寸	
2	组装成品满外尺寸	长	宽	长	宽
		+10mm−5mm	±10mm	+2mm−1mm	+2mm−1mm
3	对角线误差	组成成品楼梯长		板长	
		3m以内	3m以外	1m	1.5m	2m
		≤10mm	≤20mm	≤1mm	≤1.5mm	≤2mm
4	水平翘曲	组成成品楼梯长		板长	
		3m以内	3m以外	1m	1.5m	2m
		≤5mm	≤8mm	≤1.5mm	≤2mm	≤2.5mm
5	缝隙	≤2mm		≤0.3mm	

2.11 柱根糟朽修缮

2.11.1 修缮要点

（1）木柱修缮的样式及尺寸应根据设计图纸及福州传统修缮做法或原有构件的样式及尺寸而定。

（2）木柱的修缮应优先考虑结构安全。当存在结构安全问题时，应先采取加固措施。

（3）放线要求：尺寸准确，位置和线条明确，相应的标注和符号齐全。榫卯放线应交错出头。

（4）木柱修缮后，构件表面应光平，且无明显的机械痕迹；曲线加工要求圆润和缓、平齐无错台。

2.11.2 修缮技艺

1．技艺流程

勘察柱根糟朽情况→制作修补用木料→防虫、防腐处理→木柱根部修缮→打磨刨光。

图2-21　木柱挖补加固（摄于郎官巷）　　　图2-22　木柱墩接（摄于郎官巷）

2．操作技艺

1）勘察柱根糟朽情况

初期、中期糟朽不超过柱根直径1/2的，一般采取挖补加固（图2-21）；如果柱子腐朽部分较大，面积在柱身周围一半以上，或柱身周围全部腐朽，而深度不超过柱子直径的1/4时，可采用包镶的做法；糟朽严重自根部向上超过柱1/4～1/3时，一般采取墩接换的方法（图2-22）。

2）制作修补用木料

（1）木柱修缮用木料的尺寸应与糟朽部分剔凿尺寸吻合。

（2）修缮用木料加工后应光平，无毛刺、错台、破损等。

3）防虫、防腐处理

木柱修缮用木料可采用浸泡法进行防虫、防腐处理。

具体方法：用相应规格尺寸的铁槽，或者在地面挖一个地槽，铺上足够坚固的塑料薄膜，做成简易浸泡槽。根据选用的防虫、防腐剂的使用要求配制好相应浓度的溶液，将加工好的木料浸入溶液中，并用重物压住。浸泡时间从数小时至数天不等，视所选用药剂的使用要求而定。根据浸泡前后木材重量评定吸药量，当木材达到要求的吸药量后，取出气干。

注意事项：在浸泡过程中，应用垫板将木材隔开，以增加木材的浸渍面积，确保浸泡均匀；木材的置放、起吊需小心，切忌冲撞浸泡槽，导致防腐剂泄漏；浸泡槽平时应加盖，以防灰尘、异物、雨水等落入，影响防腐处理效果。

4）木柱根部修缮、打磨刨光

（1）挖补加固：先将腐朽部位用凿子或扁铲剔除干净，最大限度地保留柱身未腐朽部分。剔除部分应成容易嵌补的标准的几何形状，将洞内木屑杂物剔除干净，用防腐剂喷（或涂）至少3遍。嵌补木块与洞的形状尽量吻合，嵌补前也要用防腐剂处理，嵌补木块用胶粘结或用钉钉牢。

（2）包镶加固：先将腐朽部分沿柱周截一锯口，剔除柱周腐朽部分，再将周围贴补新木料。剔除腐朽部分后的槽口和嵌补的新木料均应进行防腐处理。嵌补木块较短时，可以用胶粘或钉牢，较长时需加铁箍1～2道。不能加铁箍的除外，加铁箍的一般要使铁箍嵌入柱内，以便油漆。

（3）墩接：将柱子糟朽部分截掉，换上新木料。墩接前先加扶柱，解除原柱荷重。

a. 刻半墩接（俗称阴阳巴掌榫）：把要接在一起的两截木柱，都各刻去柱子直径的1/2，搭接的长度至少应留40cm；新接柱脚料可用旧圆料（方柱用旧方料）截成，直径随柱子，刻去一半后剩下的一半就作为榫子接抱在一起。两截柱子都要锯刻规矩、干净，使合抱的两面严实吻合。直径较小的用长钉子钉牢，粗大的柱子可用螺栓（直径16～22mm）或外用铁箍两道加固。直径大的柱子上下可各做一个暗榫（图2-23）相插，防止墩接的柱子滑动移位。

墩接后的柱子强度就减退了，也就是说，当柱子受压力时其稳定性就不如整身柱子了。所以，根据力学计算的数据，一般柱子的墩接长度不得超过其柱高的1/3，通常明柱以1/5为限，暗柱以1/3为限。

b. 刻半墩接还有一种常用榫即莲花瓣（也叫抄手榫）（图2-22）。在两截柱子的断面上画十字线分四瓣，各自剔去十字瓣的两瓣，用剩下的两瓣作榫安插，其他各项均巴掌榫法。

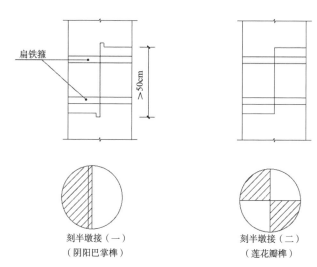

刻半墩接（一）　　　　　　刻半墩接（二）
（阴阳巴掌榫）　　　　　　（莲花瓣榫）

图2-23　刻半墩接

2.11.3　质量要求

（1）修缮用的木料材质必须符合本书2.1.2节的各项要求。

（2）修缮后的尺寸应符合原有构件尺寸要求。

（3）木结构表面刨光整平，无明显的机械加工痕迹，无毛刺且无锤印。

（4）木柱榫卯加工后应方正平直，松紧程度满足安装要求。

2.12　木柱严重腐朽修缮

2.12.1　修缮要点

（1）木柱修缮的样式及尺寸应根据设计图纸及福州传统修缮做法或原有构件的样式及尺寸而定。

（2）木柱抽换时应采取保护性落架，确保与之有关联的可用构件的再利用。

（3）木柱抽换及安装时应对原有构件做好相应的成品保护。

（4）木柱抽换时必须按标注名称对应安装，不得错位混装。

（5）木柱安装时，柱脚十字中线应与柱顶石中线对正。拨正时，有升线的柱子依升线吊垂直；无升线的柱子依中线吊垂直。

（6）木柱安装时应特别留意不得造成构件榫头等受力节点的损伤。

（7）木柱安装时应随时核对其垂直度、标高等数据，确保满足相关标准规范要求。

（8）木柱修缮后，构件表面应光平，且无明显的机械痕迹；曲线加工要求圆润和缓、平齐无错台。

2.12.2　修缮技艺

1．技艺流程

勘察柱根糟朽情况→重新制作木柱→运输码放→立柱定位、标高尺寸复核→清理木柱周围环境→柱子抽换→拨正→安装原有关联构件。

2．操作技艺

1）勘察柱根糟朽情况

当整根立柱从上至下全部严重腐朽，或是下半部糟朽高度超过柱高的1/4～1/3以上，原木柱不适于墩接，并已失去承载能力，而梁架尚属完好的，为避免大落架、大拆卸，可采取抽换柱子的方法（图2-24）。

2）新制木柱运输码放

（1）重新制作的木柱应分类分区就近堆放在相应部位，方便后期安装。

（2）运输过程中应注意成品保护，木柱堆放底部用木枋铺垫。

图2-24　木柱糟朽（摄于南后街）

3）立柱定位、标高尺寸复核

（1）根据设计图纸对已安装的柱顶石标高及平面位置进行复核。

（2）根据原有构件尺寸核验立柱标高及榫卯位置。

4）清理木柱周围环境

将所要抽换的柱子周围清理干净（如门槛、窗扇、抱框及与柱子有关联的梁坊榫卯等），将被抽换柱子的柱门每边掏开200mm左右，清理干净。如果是前檐柱，则应先把相关联的墙体靠柱子的部分拆除，然后再把窗扇、抱框及和柱子有关联的枋子榫卯拆下清理干净。

5）柱子抽换、拨正、安装原有关联构件

（1）在柱子上梁端部位放好垫板，根据梁底与千斤顶的垂直距离支好牮杆。为了保证安全，在靠近牮杆处应再加扶一根太平牮杆（俗称等杆），使之不要移动，用以防备垂直牮杆一旦发生意外而梁仍不会脱落。

（2）转动千斤顶，同时观察牮杆情况。此项操作应缓慢进行，逐渐将梁顶起，顶起的高度以原有柱子不承荷重为止。稳定千斤牮杆与太平牮杆，保证支撑牢稳。

（3）将旧柱子撤下，把新柱子吊起换上立直。柱脚十字中线应与柱顶石中线对正。拨正时，按木柱加工时四周弹好的垂线吊直，并用线垂或激光标线仪核对垂直度。

（4）将千斤牮杆与太平牮杆慢慢回收撤掉，将原有抱框及窗扇归位重新装好，由瓦工按原样补砌坎墙或恢复柱。

2.12.3 质量要求

（1）木柱抽换安装的允许偏差应符合表2-7的规定。

（2）木柱抽换安装前必须检查柱顶石的水平高程、方正直顺及柱间距尺寸是否准确无误。

（3）木柱材质必须符合本书2.1.2节的各项要求。

（4）木柱尺寸必须符合原有构件尺寸要求。

（5）木结构表面刨光整平，无明显的机械加工痕迹，无毛刺且无锤印。

（6）木柱榫卯加工后应方正平直，松紧程度满足安装要求。

木柱抽换安装的允许偏差　　　　　表2-7

序号	项目	允许偏差
1	柱子面宽、进深轴线尺寸偏移	面宽、进深尺寸的1.5‰
2	柱中、柱升线垂直偏差	≤3mm
3	构件榫肩缝隙	≤柱直径的1/10
4	构件与构件之间叠压缝隙	≤3mm

2.13　木柱内腐修缮

本节修缮技艺适用于木柱内腐的修缮。若木柱内部腐朽、蛀空，但表层的完好厚度不小于50mm时，可采用高分子材料灌浆（改性环氧树脂）加固，其做法应符合《古建筑木结构维护与加固技术标准》GB/T 50165—2020中第7.4.5条的规定。木柱的修缮、加固工程，不得改变原建筑的现状。

2.13.1　修缮要点

（1）改性环氧树脂灌浆料的性能要求，应符合《古建筑木结构维护与加固技术标准》GB/T 50165—2020中第7.4.5条中表7.4.5-1及表7.4.5-2的规定。

（2）调制树脂所用的填料，不论是石英粉还是瓷粉或别的岩石粉，在使用时必须符合以下要求：一是要有足够的强度；二是其粒度不可低于200目；三是不含任何杂质及水分。

（3）使用石英粉时，如果粒度不够细，则与树脂的融合性就差，即使在调制时搅拌很均匀，在固化过程中也会发生石英粉沉淀于下端的现象。当石英粉受潮时，色泽变暗结块，在使用前一定要晾晒干燥过筛。如把含有水分的石英粉调合在树脂内，则树脂固化后就会出现气泡或冰裂纹，造成树脂的机械等强度明显降低，甚至导致严重质量事故。因此，在修缮中务必不使此类现象发生。

（4）整柱浇筑时，与柱子采用榫卯相结合的梁枋等构件，应先采用油脂对榫卯进行处理，防止榫卯与柱子黏结，影响后期修缮工作。

（5）木柱灌注过程前应保证柱子内部腐蚀的木屑、木渣及其他垃圾清除干净。

（6）灌注树脂应饱满，每次灌注量不宜超过3000g，两次间隔时间不宜少于30分钟。

（7）改性环氧树脂灌注饱满，符合设计要求。封口前确保树脂与柱身的黏结状态严实无缝隙。

2.13.2 修缮技艺

1. 技艺流程

勘察柱子内部糟朽情况→确认材料用量→确定灌注开槽位置；开槽→柱身内部清理→灌注加固。

2. 操作技艺

1）勘察柱子内部糟朽情况

首先，在确认柱子外部完好的情况下，采用小锤头敲打的方式，初步判断柱子内部是否中空。然后，采用$\phi 12 \sim \phi 16$的手摇麻花钻从柱根开始，间隔500mm取孔，直到确定中空区域及范围，同时做好记录。

2）确认材料用量

（1）若柱子中空直径大于150mm时，宜在中空位置采用同种材质的木料填充中心。

（2）当采用木料填充中心时，所用木料的外围应适当剔凿成锯齿状，以增加树脂与填充木料的黏结力。

3）确定灌注开槽位置、开槽

（1）解除柱子上部荷载（具体方法参照木柱严重腐朽的修缮做法）。

（2）在柱子一侧由上至下分段开出80~100mm的灌注槽，每段长度不应超过1m。

（3）若中空直径小于50mm，可采用$\phi 22$的麻花钻在需灌注的位置斜向30°钻孔，作为灌注树脂的槽口。

4）柱身内部清理

首先采用扁铲等工具，将腐朽的木料剔除，剔除时尽量使柱身内壁自然地形成凹凸不平不规则的锯齿状，利于与灌注后的树脂黏合为一个整体。然后将柱内壁的木屑、木渣等清理干净，以免影响树脂的黏合效果。

5）灌注加固

（1）灌注前，用树脂将柱子中空的内壁及填充用的小木柱周身涂刷一遍，增强黏结效果。再用环氧腻子或聚酯腻子进行封缝堵洞，避免灌注过程中漏浆。

（2）用环氧树脂将柱子槽口最下端的一段木头黏结固定严实。待其固化后，逐次向柱子中空部位灌注调好的树脂。当灌注到一定高度时，再黏结柱槽口的第二段木头，然后继续灌注。黏结一段，灌注一段，直至整根柱子灌注完毕。

（3）每次灌注用的树脂量应控制在4kg以内（少则不限），两次相隔的时间不宜少于30分钟。若间隔时间过短，在第一次灌注的树脂尚未固化前，第二次的又积聚上来，这会造成固化过程中放热困难而影响质量。

（4）在进行灌注或黏合修缮中，应及时采用丙酮或香蕉水等溶剂擦拭流出的树脂与腻子，避免造成木构件的污染。

（5）灌注完成封口后，必须保证柱子中空部分顶端的树脂与完好的柱身有严实无缝的黏结状态，以保证柱子的整体性。

2.13.3 质量要求

（1）木柱内树脂填充饱满。

（2）灌浆加固后，木柱应具有良好的整体性及承压能力。

（3）木柱加固后尺寸及样式，必须符合设计及原有构件尺寸要求。

（4）所使用的改性环氧树脂，应符合《古建筑木结构维护与加固技术规范》GB/T 50165—2020中第7.4.5条中表7.4.5-1及表7.4.5-2的规定。

（5）木柱灌浆后，表面无遗留渗透的灌浆材料。

（6）木结构表面刨光整平，无明显的机械加工痕迹，无毛刺。

（7）修缮用木料榫卯加工后应方正平直，松紧程度满足安装要求。

2.14 木柱开裂修缮

2.14.1 修缮要点

（1）嵌补用木料尽量采用旧木料。使用新木料时，其木材品种应与原木柱的材质相同为优。

（2）木柱修缮的样式及尺寸应根据设计图纸及福州传统修缮做法或原有构件的样式及尺寸而定。

（3）若裂缝位于柱传力关键部位，且干缩裂缝的深度超过柱径1/3时，则应根据情况采取更换或加固的方法。

（4）木柱裂缝内糟朽的木屑等垃圾应清理干净。

（5）嵌补后的木柱应做好刨光打磨工作，使木柱表面无机械划痕、缺口、凸起等情况。

（6）嵌补后的木料应与木柱严丝合缝，且黏结牢固。

2.14.2 修缮技艺

1．技艺流程

勘察柱子开裂情况→确认修缮方法→木柱裂缝修补→打磨刨光。

2．操作技艺

1）勘察柱子开裂情况

因木柱选料的干湿程度不同，年久后木柱收缩导致产生裂缝。对于此类情况，可根据木柱的开裂程度进行适当的修缮嵌补。若裂缝位于柱传力关键部位，且干缩裂缝的深度超过柱径1/3时，则应根据情况采取更换或加固的方法。

2）确认修缮方法、木柱裂缝修补

（1）若木柱裂缝为宽度在5mm以内的细小轻微裂缝，可采用环氧树脂腻子封堵严实。

（2）若木柱裂缝宽度超过5mm，应将裂缝内糟朽木渣等垃圾清理干净，后用干燥木条嵌补，再用结构胶（改性环氧树脂）黏牢补严。

（3）若裂缝宽度在10~20mm时，除黏补外还须加铁箍1~2道，使之宽度在80~100mm、厚度在3~4mm。铁箍应嵌入柱内，使其外皮与柱外皮平齐。

（4）若裂缝宽度在20～30mm时除采用木条填塞粘结外，应在柱的开裂段内加设铁箍2～3道；若裂缝较长，则箍距不应大于500mm。

（5）若裂缝不规则，可用凿铲将裂缝处适当制成规则槽缝后再进行嵌补。

3）打磨刨光

嵌补后的木柱应做好刨光打磨工作，使木柱表面无机械划痕、缺口、凸起等情况。

2.14.3 质量要求

（1）修补用木条应采用干燥木料且做好防虫、防腐处理。

（2）嵌补后的木料应与木柱严丝合缝，且黏结牢固。

（3）木柱裂缝修补用的树脂填充饱满。

（4）木柱修补后表面刨光整平，无明显的机械加工痕迹，无毛刺。

（5）木柱修补后尺寸及样式必须符合设计及原有构件尺寸要求。

2.15 梁枋开裂修缮

2.15.1 修缮要点

1）梁枋开裂的修缮应优先考虑结构安全。梁枋裂纹出现以下情况时，应考虑更换构件：

（1）顺纹裂缝的深度和宽度大于构件直径的1/4；

（2）裂纹长度大于构件本身长度的1/2；

（3）矩形构件的斜纹裂缝超过2个相邻的表面；

（4）圆形构件的斜纹裂缝大于周长的1/3时。

2）嵌补用木料尽量采用旧木料。使用新木料时，其木材品种应与原梁枋的材质相同为优。

3）梁枋修缮的样式及尺寸应根据设计图纸及福州传统修缮做法或原有构件的样式及尺寸而定。

4）在梁枋裂缝内，糟朽的木屑等垃圾应清理干净。

5）嵌补后的梁枋应做好刨光打磨工作，使梁枋表面无机械划痕、缺口、凸起等情况。

6）嵌补后的木料应与梁枋严丝合缝，且黏结牢固。

2.15.2 修缮技艺

1．技艺流程

勘察梁枋开裂情况→确认修缮方法→梁枋裂缝修补→打磨刨光。

2．操作技艺

1）勘察梁枋开裂情况

由于梁枋制作时木材未干透，内外干燥程度不同，导致木材内外收缩不一致而产生裂缝，使得梁枋构件强度降低。

2）确认修缮方法、梁枋裂缝修补

（1）若梁枋裂缝为宽度在5mm以内的细小轻微裂缝，可采用环氧树脂腻子封堵严实。

（2）若梁枋裂缝宽度超过5mm的轻微裂缝，可采用铁箍加固，箍距不应大于500mm。铁箍接头处可采用螺栓或帽钉锁牢，以闭合裂缝。

（3）若矩形构件的断面较大时，可采用U形铁兜绊加固，并用长脚螺栓锁牢。

（4）若裂缝宽度在10～30mm时，应将裂缝内糟朽木渣等垃圾清理干净，用干燥木条嵌补，用结构胶（改性环氧树脂）黏牢补严，同时采用铁箍拧牢。

（5）若裂缝不规则，可用凿铲将裂缝处适当制成规则槽缝后再进行嵌补。

3）打磨刨光

嵌补后的梁枋应做好刨光打磨工作，使梁枋表面无机械划痕、缺口、凸起等情况。

2.15.3 质量要求

（1）修补用木条应采用干燥木料且做好防虫、防腐处理。

（2）嵌补后的木料应与梁枋严丝合缝，且黏结牢固。

（3）梁枋裂缝修补用的树脂填充饱满。

（4）梁枋修补后表面刨光整平，无明显的机械加工痕迹，无毛刺。

（5）梁枋修补后尺寸及样式应符合设计及原有构件尺寸要求。

2.16 斗栱与藻井修缮

2.16.1 专业术语

（1）斗栱：又作斗拱，别称斗科、欂栌，是中国木构架建筑结构的关键性部件，在横梁和立柱之间挑出以作承重，将屋檐的荷载经斗栱传递到立柱。斗栱又有一定的装饰作用，是中国古典建筑最显著特征之一（图2-25、图2-26）。

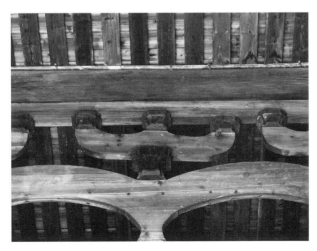

图2-25 一斗三升——斗栱组合1（摄于南后街）

图2-26 一斗三升——斗栱组合2（摄于水榭戏台）

（2）藻井：天花是遮蔽建筑内顶部的构件，建筑内呈穹隆状的天花则称作"藻井"。天花的每一方格为一井，以花纹、雕刻、彩画装饰，故名藻井。

2.16.2 修缮要点

（1）斗栱与藻井的木作相对精细，修缮的样式及尺寸应严格根据设计图纸及福州传统修缮做法或原有构件的样式及尺寸而定。不光是外部轮廓，细部样式也同样应严格按照原有样式制作。

（2）斗栱样式多样，榫卯结构复杂，其放线与剔凿应更为精确。

（3）藻井榫卯相对简单，易造成整体下沉、松散、构件脱落等现象，修缮时应加强藻井的整体性，并与周围梁枋拉结牢固。

（4）放线工序要求：尺寸准确；刻斗栱口线及外轮廓线两面方正对应；榫卯线相交要求出头，以备查验。

（5）制作工序要求：按线加工，卯眼剔凿必须垂直方正、深浅一致、松紧适宜；外形表面要求直顺光洁、曲线和缓而美观。

（6）安装工序要求：斗栱按号入位，顺序安装，不得混用及工序颠倒。

（7）安装时应逐层验线，保证斗栱的水平方正及出进一致。

2.16.3　修缮技艺

1．斗栱修缮技艺

勘察斗栱受损情况→斗栱修缮→斗栱构件更换。

2．操作技艺

1）勘察斗栱受损情况

由于斗栱构件的件数最多，而且均为小构件，结构相对复杂，各构件互相搭交，锯凿榫卯，一般剩余的有效截面都很小。整个斗栱由于外力作用，如檐桁向外滚动、柱子下沉、梁架歪斜等都将引起斗栱的各构件因受力不均而发生位移，导致卯口挤裂、榫头折断和小斗滑脱等现象。

2）斗栱修缮

（1）"斗"受损修缮

a．若斗劈裂为两半，而断纹能对齐时，将其黏牢后可继续使用。

b．若斗耳断落，应按原尺寸式样补配，黏牢钉固。

c．若斗"平"被压扁超过3mm时，可在斗口内用硬木薄板补齐，要求补板的木纹与原构件木纹一致。压扁未超过3mm时，可不修补。

（2）"栱"受损修缮

a．若栱劈裂未断时，可灌缝黏牢。

b．左右扭曲未超过3mm时，可继续使用；超过3mm时应进行更换。

c．榫头断裂无糟朽现象时，可灌浆黏牢；糟朽严重时，可锯除糟朽部分，用干燥的同品种木料依照原有榫头式样尺寸制作，长度应超出原有长度，两端与栱头黏牢，并用螺栓加固。

3）斗栱构件更换

确定构件尺寸及做法→放样、制作样板→依样板放线→构件加工制作→定位、拉线安装构件。

（1）确定构件尺寸及做法：构件尺寸及样式应严格按照原有构件现状。

（2）放样、制作样板

a．按原有样式画好的大样，应妥善保管，并及时请相关技术负责人员检查验收。制作时应随时对照检验，避免大批量返工。

b．按确定好的大样将样板制作成型，并按照放线要求凿刻相应样式。

c．在样板上写明构件的名称、尺寸等信息。

4）构件加工制作

（1）按样板初步加工相应规格料。

（2）按样板画线。沿样板轮廓在规格料两侧精确画线，画线宜用墨线，榫卯相交的线应交错出头。

（3）按线剔凿外轮廓、榫头卯口等。

a．卯眼应垂直，深浅一致。

b．异形曲线部分加工应保证曲线和缓圆润、平直光洁。

c．制作成型后的半成品应进行刨光处理，不得留有墨线、刨痕（安装时必须留用的墨线标记除外）。

5）定位、拉线安装构件

（1）安装横向构件需拉通线安装，通线要求必须与建筑物的横轴保持水平。

（2）安装纵、斜向构件也需拉通线安装，通线控制各斗栱纵向构件的出进尺度。

3．藻井修缮技艺

藻井木制构件的榫卯出现整体下沉、松散、构件脱落残缺等现象整体松散下沉，应搭满堂红架子详细检查。松散轻微的，在藻井背面加铁板拉扯、铁钩等与周围的梁枋拉结牢固；严重的应拆卸下来在背后加钉铁活，修整后重新归安。整体下沉时，用支顶加固法支起应有高度，用铁钩固定在附近梁枋上，然后再修配小构件。修配齐整之后，再装回原位。

2.16.4 质量要求

（1）修缮后的斗栱及藻井应符合本书2.1.2节的各项规定。

（2）修缮用木料应采用干燥木料且做好防虫、防腐处理。

（3）斗栱及藻井各构件的外形尺寸应严格按照原有样式的现状放样，准确无误。

（4）斗栱及藻井修补后表面刨光整平，无明显的机械加工痕迹、无毛刺。

（5）异形曲线部分加工应保证曲线和缓圆润、平直光洁。

2.17 木构架更换与安装

2.17.1 修缮要点

（1）木构架更换与安装的样式及尺寸应根据设计图纸及福州传统修缮做法或原有构件的样式及尺寸而定。

（2）木构架的更换与安装顺序应"先内后外、先下后上"。安装时应严格按修缮前编制好的位置，对号安装。

（3）木构架安装时，应严格控制木构架的平面定位、立面标高等。修缮及安装的前期、中期、后期，应及时做好尺寸核对工作，及时调整误差，避免对下道工序的修缮造成影响而导致返工。

（4）木柱安装时，柱脚十字中线应与柱顶石中线对正。拨正时，有升线的柱子依升线吊垂直；无升线的柱子依中线吊垂直。

（5）构架调正及榫卯拼接时，应在敲击处设置垫块，避免锤子等工具直接作用在木构架表面，而留下凹痕或损伤。

（6）木构架更换与安装时，应特别留意不得造成构件榫头等受力节点的损伤。

（7）木构架更换与安装前，应对原有构件及已完成构件做好相应的成品保护措施。

（8）木构架更换与安装时应随时核对其定位、标高等数据。

（9）用于更换的木构架，其表面应光平，且无明显的机械痕迹；曲线加工要求圆润和缓、平齐无错台。

（10）木构架更换安装，应保证其榫卯的松紧程度满足要求，无缺口、劈裂现象。

2.17.2 修缮技艺

1．技艺流程

勘察木构架情况→木构架运输码放→立柱定位、标高尺寸复核→搭设安装用架子→立柱安装→核验尺寸标高→梁、童柱、檩、椽安装→核验尺寸→敲实榫卯。

2．操作技艺

1）勘察木构架情况

检查木构架腐朽损伤情况，对于需要拆下整修更换的木构架，应落架标注名称后，做好详细检查。若构件损坏程度轻微，可进行修复后重新安装；若构件损坏严重，则应做好记录，按原有样式制作新构件进行更换。

2）木构架运输码放

（1）重新制作的木构架应分类分区就近堆放在相应部位，方便后期安装。

（2）运输过程中应注意成品保护，木构架堆放底部用木枋铺垫。堆放于室外的构件应采用加盖雨篷布等措施。

（3）针对榫卯、木雕等部位应做好重点保护，避免断裂及损伤。

3）立柱定位、标高尺寸复核

（1）根据设计图纸对已安装的柱顶石标高及平面定位进行复核。

（2）根据原有构件尺寸核验立柱标高及榫卯位置。

4）搭设安装用架子

（1）清理木构架周围环境，对原有构件及安装完成的木构架成品做好保护措施。

（2）沿木构架外围搭设修缮用架子，架子与木柱之间应留有1000mm左右的空间，用于构件运输；架子的搭设应考虑梁、童柱等木构架安装的操作空间。

（3）木构架安装前，应检查架子的稳定性是否满足规范要求；架子上应满铺脚手板，构件运输过程中可做调整；做好防坠落等安全防护措施，保证其各项指标符合相关规范要求。

5）立柱安装

（1）按照"先内后外，先下后上"的顺序安装，并用绳子于架子拉结固定。

（2）初步调正拉直

a. 柱脚十字中线应与柱顶石中线对正。

b. 拨正时，按木柱加工时四周弹好的垂线吊直，并用线垂或激光标线仪核对垂直度。

6）核验尺寸标高，梁、童柱、檩、椽安装

（1）安装前，核对立柱标高、垂直度等是否符合相关标准规范要求；核对无误后开始安装。

（2）当梁（扁作梁）连接多根立柱时，应先安装中间立柱与梁的榫卯，后连接两侧立柱；两侧立柱与梁连接时，应用撬棍等工具固定中间立柱，避免脱落。

（3）梁、童柱的安装应该从下向上，按标号位置安装到位；童柱与梁连接时应随时核准标高、尺寸。

（4）梁、童柱安装完成，尺寸及标高核准无误后，可开始安装檩、椽。

（5）檩条安装时，若两端处于墙体内部，应先用沥青将插入墙体的木材做好防腐处理。

（6）铺钉椽板前，根据屋面斜率将檩条铺钉椽板一侧劈砍出一定的

图2-27 木构架更换与安装

斜面，增加椽板与檩条的接触面。

（7）椽板按设计间距，用竹钉固定于檩条上，椽板除顶面外，其余3面均刨光处理。

7）核验尺寸

根据设计尺寸核对：

（1）柱子定位、标高是否准确。

（2）各个梁标高、水平位置是否符合设计要求。

（3）柱子中线与相接梁的中线是否在同一平面，梁中线与梁上童柱中线是否在同一平面。

（4）各木构架的垂直度、定位、尺寸等是否满足设计要求（图2-27）。

2.17.3 质量要求

（1）木柱抽换安装的允许偏差应符合表2-8的规定。

（2）木构架更换与安装所用木材的材质必须符合本书2.1.2节的各项要求。

（3）木构架更换与安装用木材尺寸应符合设计及原有构件尺寸要求。

木柱抽换安装的允许偏差　　　表2-8

序号	项目	允许偏差
1	柱子面宽、进深轴线尺寸偏移	面宽、进深尺寸的1.5‰
2	柱中、柱升线垂直偏差	≤3mm
3	梁与柱、梁面宽进深中线偏移	±3mm
4	各梁进深中线与各檩中线偏移	±4mm
5	相邻枋、梁水平高差	≤柱直径的1/10
6	相邻枋、梁出进错位	≤柱直径的1/10
7	构件榫肩缝隙	≤柱直径的1/10
8	构件与构件之间叠压缝隙	≤3mm
9	各梁檩椀与檩吻合缝隙	≤5mm
10	搏风板等板材拼接、对接缝隙	≤2.5mm
11	搏风板等板材拼接、对接相邻高低差	≤2.5mm

（4）木构架的安装应严格按照"先内后外，先上后下"的顺序进行。

（5）木柱安装前必须检查柱顶石的水平高程、柱间距等，确保尺寸无误。

（6）木构架安装必须严格按照所标注的名称和位置安装。

（7）落架前保证柱脚与柱顶石十字相互吻合，柱身按吊线扶正。

（8）木柱安装前必须检查柱子中线与相接梁的中线是否在同一平面。

（9）木柱安装前必须检查梁中线与梁上童柱中线是否在同一平面。

（10）木结构表面刨光整平，无明显的机械加工痕迹，同时无毛刺。

（11）修缮用木料榫卯加工后应方正平直，松紧程度满足安装要求。

2.18 木构架扶正修缮

2.18.1 专业术语

打牮拨正：在不拆落木构架的情况下，使倾斜、扭转、拨榫的构件复位，再进行整体加固。对个别残损严重的梁枋、斗栱、柱等应同时进行更换或采取其他修补加固措施。

2.18.2 修缮要点

（1）木构架修缮的样式及尺寸，应根据设计图纸及福州传统修缮做法或原有构件的样式及尺寸而定。

（2）木柱扶正时，应弹好清晰的中线与升线，以保证其定位与垂直度。

（3）榫卯结构归位安装时，应小心处理，必要时先对榫卯结构进行加固。

（4）当榫头处糟朽的断面面积大于原构件断面的1/5时，原榫卯结构已不能再利用，应考虑更换构件。

（5）木构架调正及榫卯拼接时，应在敲击处设置垫块，避免锤子等工具直接作用在木构架表面而留下凹痕或损伤。

（6）木构架扶正修缮时，应对相关联的木构架做好成品保护措施，避免对原有构件或已安装的成品构件造成碰撞损伤。

2.18.3 修缮技艺

1．技艺流程
木构架支撑加固→木构架扶正修缮→核验校正。

2．操作技艺
1）木构架支撑加固
（1）采用戗杆（也可采用圆木、方木等）对倾斜的木构架进行支撑加固。

（2）支撑牮杆，将木构件抬起，解除构件承受的荷载。

（3）屋面拆除后，将与木构架相关联的椽板、望板等构件卸下。

（4）与木构架相关联的墙体保留完好，可不拆除时，应挖出相应的柱门，以便修缮。

2）木构架扶正修缮

（1）水平顶推扶正

a. 首先在木构架倾斜的一侧设置立架作为支座，然后将千斤顶放置于木构件柱顶部位，中间需放置木垫块。通过千斤顶对柱子的水平顶推，使木构架扶正归位。

b. 水平顶推扶正适用于单层建筑，且木结构倾斜一侧具有足够的空间布置立架。

（2）水平张拉扶正

a. 采用钢丝绳拉索，一段固定在倾斜木构架的柱顶，立柱做好防护措施；另一段采用动力装置与固定的钢架连接，通过对木构架施加水平拉力，使木构架归位。

b. 水平张拉扶正适用于两层或多层木构架建筑。

（3）若木构架未倾斜，部分木构件拔榫、扭动时，在卸除木构架上的荷载后将木构件榫卯处的木楔、卡口去掉，然后逐步调整归位，并拔去榫、扭动的木构件。

3）核验校正

木构件扶正后，应核对柱子中线与相接梁的中线是否在同一平面，梁中线与梁上童柱中线是否在同一平面，各木构架的垂直度、定位、尺寸等是否满足设计要求（图2-28）。

图2-28 木构架扶正

2.18.4 质量要求

（1）木构架扶正后，柱等竖向构件的垂直度、梁等水平构件的水平度应满足设计要求。

（2）木构架扶正后，柱、梁等相交节点应加固紧密。

2.19 木构架落架拆除

2.19.1 修缮要点

（1）木构架应采用保护性拆除，一是要保护拆除建筑中可利用的木构件；二是要保护周边建筑，做好相应防护措施。

（2）对于需要更换的木构件，应记录其安装位置、标高及尺寸等信息。

（3）对于样式复杂的构件，应勾画实测图，做好样板。

（4）拆除下的木构件应递送运输，不得随意抛掷。

（5）搬运过程中，采取相应保护措施，防止构件碰撞损坏。

（6）拆除后的构件应做好名称和位置标注，分类分区妥善堆放。

2.19.2　修缮技艺

1．技艺流程

勘察木构架情况→清理卫生、做好防护措施→搭设立架→木构件拆除→木构件标注、分类堆放→清理拆除垃圾。

2．操作技艺

1）勘察木构架情况

勘察木构架破损程度，判定木构架需落架拆除重建时，首先应对木构件详细检查，确认各个木构件的修缮做法，做好相应的影像资料。绘制相应的草签图纸，将各个木构件的样式、定位、标高及尺寸等数据做好记录，留用之后翻建与修复。对于样式复杂的构件，可预先做好样板。

2）清理卫生、做好防护措施、搭设立架

（1）清理木构架周边卫生，对周围相关联的建筑做好防护措施，防止拆除时造成碰撞损坏。

（2）搭设立架，搭设高度应满足木构架的拆除。立架与木构架之间留有一定距离，便于木构件拆除后搬运，且不至于造成碰撞损坏。

（3）立架的搭设应保证其稳定性，架子上应满铺脚手板，构件运输过程中可做调整；做好防坠落等安全防护措施，保证其各项指标符合相关规范要求。

3）木构件拆除

（1）木构件拆除应由专门的木作人员进行，并做好记录（图2-29）。

（2）木构件榫卯拆除时，应做好加固与保护措施。

（3）椽、檩、梁等上部木构件拆除时，应做好下部构件的加固与支撑工作，确保无误后才能安排拆除。

4）木构件标注、分类堆放、清理拆除垃圾

（1）木构件标注要求：标注构件的传统名称，以及其建筑物的具体位置。

（2）拆除后木构件应合理堆垛，保持合理通风、排水。室外原木堆

图2-29 木构件落架与加固

场地面要平坦，四周应开挖排水沟，便于雨水排除室内原木堆场要求通风，空气流动性要好。

（3）做好木材堆放区的防虫、防腐处理工作。

（4）及时清理拆除后的建筑垃圾、木屑。

2.20 槛框修缮

2.20.1 专业术语

槛框：古建筑门窗外框的总称，用于安门窗的架子，它的形式和作用与现代建筑木制门窗的口框相类似。其水平方向横着施放的叫槛，抱着柱子垂直竖立的叫抱框。

2.20.2 修缮要点

（1）槛框的加工样式应与原构件一致。

（2）放线要求：尺寸准确，位置和线条明确，相应的标注和符号齐全；榫卯放线应交错出头。

（3）榫头厚度应小于榫眼宽度0.1～0.2mm。当榫头厚度大于榫眼宽度时，挤压将引起胶液流失从而降低胶合强度，装配时也容易导致榫眼开裂。榫头宽度应比榫眼长度大0.5～1mm（硬材为0.5mm，软材为1mm）；榫头长度应比榫眼深度小2～3mm，且大于榫眼零件厚度的一半。

2.20.3　修缮技艺

1．技艺流程

测量、放线→槛框榫卯制作、盘头断肩→安装槛框。

2．操作技艺

1）测量、放线

（1）槛框的尺寸应根据建筑物各房间尺寸的实测数据确定。大木构架在安装时存在误差，因此，槛框的设计尺寸不一定能满足现场实际尺寸要求。为保证槛框与木构架之间的安装连接，槛框放线加工前应实测实量建筑物各间的实际尺寸，并做好记录，以掌握误差。

（2）根据测量数据弹线、画线。

2）槛框榫卯制作、盘头断肩、安装槛框

（1）根据画线，先剔凿槛框一端的榫卯，另一端根据安装时的误差再断肩。

（2）槛的安装：首先按槛框中线，引至地面，按槛的宽度在柱子上分做双榫凿眼（榫须做倒脱靴即一头长，一头短）。拐出断肩线，在下皮按鼓镜位置叉好，用锯挖去这一部分。安装时先入长榫，后入短榫。用撬拨好后，用木楔将中间口子堵严，用水平尺找平、调正。

（3）抱框安装：首先要进行岔活，将加工好的抱框贴着柱子放直，用线坠将抱框吊直（要沿进深和面宽两个方向吊线）。然后将岔子板一叉沾墨，另一叉抵住槛框外皮，由上向下在抱框上画墨线。内外两面都岔完之后，取下抱框，按墨线砍出抱豁（与柱外皮弧形面相吻合的弧形凹面）。岔活的目的是使抱框与槛框贴紧贴实，不留缝隙。同时，由于槛框自身有收分（柱根粗、柱头细），柱外皮与地面不垂直，在岔活之前应先将抱框里口吊直，然后再抵住柱外皮岔活，这样既可保证抱框里口与地面垂直，又可使外口与槛框吻合，这就是岔活的作用。抱框岔活以后，在相应位置剔凿出溜销卯口，即可进行安装。岔活时应注意保证槛框里口的尺寸。

2.20.4　质量要求

（1）槛框材质应符合本书2.1.2节的各项要求。

（2）槛框尺寸必须符合设计及原有构件尺寸要求。

（3）槛框的里口应垂直方正。

（4）木结构表面刨光整平，无明显的机械加工痕迹，同时无毛刺。

（5）槛框榫卯加工后应方正平直，松紧程度满足安装要求。

2.21　木门窗修缮

2.21.1　材料和质量要点

（1）木门窗的放线应满足设计图纸要求；榫卯应对照原有构件的尺寸及位置，精确刻画榫头及榫口尺寸。

（2）木门窗的加工样式应与原构件一致。

（3）放线要求：尺寸准确，位置和线条明确，相应的标注和符号齐全；榫卯放线应交错出头。

（4）榫头厚度应小于榫眼宽度0.1～0.2mm。当榫头厚度大于榫眼宽度时，挤压将引起胶液流失从而降低胶合强度，装配时也容易导致榫眼开裂。榫头宽度应比榫眼长度大0.5～1mm（硬材为0.5mm，软材为1mm）；榫头长度应比榫眼深度小2～3mm，且大于榫眼零件厚度的一半。

2.21.2　修缮技艺

1．修缮流程

勘察木门窗损坏情况→木门窗修缮→木门窗调整归安。

2．操作技艺

木门窗样式繁多，但大致可以分为板门与槅窗两类（图2-30～图2-34）。其损坏情况及修复方法如下：

图2-30　木门形式1

图2-31　木门形式2

图2-32　木窗形式1

图2-33　木窗形式2

图2-34　木窗形式3

1）板门修复

（1）板门由于木料干湿程度不同而造成木料收缩出现裂缝。

a．若裂缝为宽度在5mm以内的细小轻微裂缝，可采用环氧树脂腻子封堵严实。

b．裂缝宽度超过5mm，应将裂缝内糟朽木渣等垃圾清理干净，用干燥木条嵌补，用结构胶（改性环氧树脂）黏牢补严。

（2）若门轴因长期使用等原因而造成磨损，甚至断裂时导致门扇变形，可在门轴下端磨损处套上一个铸铁筒，用螺栓固定。同时，在门臼处放置配套的铸铁碗，用以承受铸铁筒，防止门臼再次磨损。

（3）板门上原有的门钉、门钹等铁件应尽量还原，若需要改用其他五金构件，应经过设计确认，以保证替换构件满足使用要求及样式要求。

2）槅扇修复

（1）当窗扇四周边的窗轴榫卯松动时，应将窗扇整体拆除落架，开裂受损处还应重新加楔灌胶黏牢，最后重新归位安装，调整方正。若窗轴处糟朽劈裂时，应钉补牢固，当受损严重时应予以更换。

（2）槅扇扇心的棂条相对细软，使用过程中容易断裂而产生残缺。修复槅扇扇心的局部残缺，可依照原有样式制作棂条，并进行试安装。当安装合适后，将新旧棂条进行黏合。若新旧棂条采用搭接连接时，搭接处背后应钉薄铁片加以固定，其接口处应抹斜。

2.21.3　质量要求

（1）木门窗安装允许偏差应符合表2-9的规定。

（2）木门窗材质应符合本书2.1.2节的各项要求。

（3）木门窗尺寸应符合设计及原有构件尺寸要求。

（4）木结构表面刨光整平，无明显的机械加工痕迹，同时无毛刺。

（5）木门窗榫卯加工后应方正平直，松紧满足安装要求。

（6）按传统转轴方式安装的槅扇必须保证连楹等附件的安装尺寸，保证门、窗扇在室外不能将其摘除。

木门窗安装允许偏差　　　　表2-9

序号	项目	允许偏差			
		外檐		内檐	
1	立缝	固定扇	活动扇	固定扇	活动扇
		−1.5mm	标准缝路+2mm	−1.5mm	标准缝路+1.5mm
2	水平缝	固定扇	活动扇	固定扇	活动扇
		−1mm	标准缝路+1.5mm	−1.5mm	标准缝路+1mm
3	相邻扇里外大面平齐	≤2mm		≤1mm	
4	相邻扇抹头高低平齐	≤2mm		≤1.5mm	

2.22　木雕修缮

2.22.1　修缮要点

1）木雕图案要求

（1）常见的木雕图案：典故类、鸟兽类、山水类、花卉类、人物类等。

（2）木雕的图案应严格按照原状原制式恢复。新制木雕，其图案应保证立意明确、构图合理、绘制比例准确且符合建筑制式风格；绘制花鸟、山水、人物时，应做到形象生动、线条鲜明流畅（图2-35～图2-37）。

2）木雕雕刻要求

（1）对于木材上的瑕疵，在雕刻过程中应尽量避开雕刻构件的关键部位，可选择在镂空的部位将其剔除；若是需做油漆技艺的雕刻构件，

图2-35　木雕鱼
龙纹雀替（摄
于小黄楼）

图2-36　垂花柱
（摄于小黄楼）

图2-37　花卉木
雕（摄于水榭
戏台）

可考虑将木材上的瑕疵与油漆技艺结合。

（2）雕刻时应留有一定的余量，用于最后的细节处理、修光等；加工后的成品不得留有机械加工的痕迹。

（3）木构件雕刻时应顺着木材纹理，按"由上至下、由前至后、由表及里"的顺序。

3）木雕的安装应根据其位置及安装要求，确定采用固定安装或是活动安装。

4）雕刻构件绘制时应保证画线鲜明圆润、比例准确，绘制形象生动、不生硬。

5）雕刻时流畅自然，深浅控制得当；雕刻完后的构件表面不能留有机械加工的痕迹、毛刺、破损等缺陷。

6）更换原有木雕时，雕刻样式应严格参照原有木雕，不得随意改制。

7）木雕安装时应准确灵活地使用销榫，保证安装牢固与安装尺寸准确。

2.22.2 修缮技艺

1．技艺流程

选料、整体规划→放线画样→构件雕刻→打磨修光→木雕安装。

2．操作技艺

1）选料、整体规划

（1）雕刻木材的选用应尽量挑选疵病较少的木材，存在疵病时可根据本书2.22.1节中的"木雕雕刻要求"适当酌情选用。

（2）根据原有木雕样式及相关标准规范要求确定雕刻构件的尺寸及做法。

2）放线画样

（1）木雕的图案应满足本书2.22.1节中的"木雕图案要求"。

（2）画线应鲜明圆润、比例尺寸准确，绘制形象生动、不生硬。

3）构件雕刻

（1）打轮廓线：按放样后的画线打出轮廓线，剔凿过程还应逐步进行，不能剔凿过深。

（2）雕刻坯雕：顺着木材纹理，按"由上至下、由前至后、由表及里"的顺序，根据画线逐步使木构件雕刻成型，并留有一定余量，以便后期细部修整。

（3）细部雕刻：通过深入的剔雕，使木雕上的形象逐步分明并趋于完善。

（4）构件雕刻用满足本书2.22.1节中的"木雕雕刻要求"。

4）打磨修光

构件雕刻完成后应进行修光，对木雕进行一次全面打磨修光。

（1）木雕表面无毛刺、无瑕疵、无明显的机械加工痕迹。

（2）木雕的线和面整齐鲜明。

（3）对木构件雕刻的不足之处用木砂纸打光，使作品更加精美细腻。

5）木雕安装

木雕的安装做法应根据构件原有位置的功能及原有安装方法确定。若木雕为固定安装时，可采用固定销子连接安装，必要时可采用胶、钢钉等辅助固定；若木雕为可活动式安装，则所有的相关构件都应该安装固定销子、活动销子，保证木雕构件可以自由摘装。

2.22.3 质量要求

（1）雕刻用木材的材质应符合本书2.1.2节的要求。

（2）木雕的图案、雕刻做法应符合本章节技术关键要求。

（3）木结构表面无明显的机械加工痕迹、无毛刺；雕刻构件鲜明生动。

（4）木雕安装尺寸准确，水平定位、标高、垂直度均须满足设计及规范要求。

2.23　成品保护

（1）制作完成的木柱应在指定位置分类堆垛，木材应存放在通风条件良好、防火防雨措施到位的场所。

（2）吊装、运输时应采用填充铺垫的技术措施来防止磕碰；吊装时应用麻绳，不得使用钢丝绳。

（3）安装时，若需要敲击木构件时，应用垫块对木构件表面做好保护措施。避免遗留敲击的痕迹，影响观感。

（4）加工好的成品构件，存放期不宜过长。超过3个月时应先刷一遍桐油，防止构件变形。

（5）木材加工后及时清运加工后的木屑，做到工完场清；木材堆放场所也应及时清理木屑等易燃物。

（6）木材堆放场所应做好防虫、防腐措施。

2.24　安全环保措施

1．安全保证措施

（1）现场修缮负责人和修缮员必须十分重视安全生产，牢固树立"安全促进生产、生产必须安全"的思想，切实做好预防工作。

（2）修缮员在下达修缮计划的同时，应下达具体安全措施。每天出工前，修缮员要针对当天的修缮情况，布置修缮安全工作，并强调安全注意事项。

（3）落实安全修缮责任制度、安全修缮教育制度、安全修缮交底制度、修缮机具设备安全管理制度等规章制度。

（4）特殊工种修缮必须持证上岗。

（5）遵章守纪，杜绝违章指挥和违章作业。现场应设立安全措施及有针对性的安全宣传牌、标语和安全警示标志。

（6）进入修缮现场必须佩戴安全帽，作业人员衣着灵活紧身，禁止穿硬底鞋、高跟鞋作业。同时，高空作业人员应系好安全带，禁止酒后操作、吸烟和打架斗殴。

（7）木材加工厂、机械器具存放的仓库、木柱堆垛区都应做好防雨、防火措施，备齐灭火器等设备，并定期做好检查与记录。

2．环境保护措施

（1）严格按修缮要求合理布置现场的临时设施，做到材料堆放整齐，标识清楚。现场应每日清扫，严禁在修缮现场及其周围随地大小便，确保工地文明卫生。

（2）定期对工地卫生、材料堆放、作业环境进行检查，开展修缮现场管理综合评定工作。

（3）做好修缮现场保卫工作。

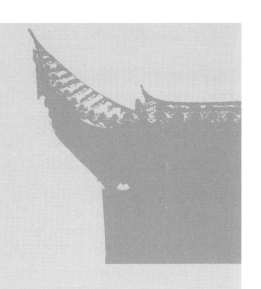

第3章
瓦作修缮技艺

本章内容包括三坊七巷中斗
底砖、青砖墙、夯土墙、墙体抹
灰、泥壁墙、瓦屋面等瓦作工程
的修缮。

3.1 修缮准备

3.1.1 技术准备

（1）核对原建筑斗底砖材料的选择和铺贴方式、原建筑墙体抹灰材料和范围、墙基定位尺寸及顶面标高、骨架的材料总类及规格，或按设计图纸进行确认。

（2）对素土面标高、垫层厚度、结合层厚度进行确认。

（3）修缮前应有修缮方案，有详细的技术交底，并交至修缮操作人员。

（4）铺贴前应进行试排，并弹控制线。

（5）各种进场原材料应进行进场验收，同时现场应抽样进行复查，留存相应修缮配比通知单。

（6）熟悉图纸，了解砖墙的砌筑方法及制式，核对墙基定位尺寸及顶面的标高。

（7）应明确墙帽的材料选择、细部做法、砖层数及高宽尺寸等，画出修缮剖面详图，并确定墙帽的实际修缮标高。

（8）屋脊、扎口等细部做法应详细确认，画出剖面修缮图，必要时需先做样板。

（9）对原墙的破损情况进行考察，对需要修缮的范围进行标记，确定每一处修缮所使用的方法（如抹灰、钉麻揪、砖补）。

（10）每道墙体修缮前都应有修缮方案，确定各个破损部位的修缮方式和修缮顺序（如从上至下），有详细的技术交底，并交至修缮操作人员。

（11）修缮时，墙帽的材料选择、细部做法、砖的层数、高宽尺寸等应与原有墙帽一致，必要时画出修缮剖面详图指导修缮。

（12）原斗底砖地面需进行考量，将空鼓严重的、碎裂的、平整度偏差大于2mm的，用白灰做标记，作为需要修缮的部分。

3.1.2 材料准备

（1）素土基层采用含水率11%~14%的黄土，加入体积不大于50mm×50mm×50mm的碎砖碎瓦拌至均匀。

（2）垫层采用灰土，按熟石灰：黄土：水=3：7：2制得。

（3）结合层砂浆配比采用熟石灰：黄土：粗砂：水=3：7：1：1。

（4）斗底砖规格主要为290mm×290mm×25mm矩形斗底砖和边长145mm×25mm的厚六角斗底砖，尺寸误差小于2mm。

（5）勾缝灰浆可按照熟石灰：黄土：砂：水=4：6：1：3调制，配比可根据设计颜色要求进行微调。

（6）壳灰宜采用利用牡蛎、蚶、蛤等的贝壳代替石灰石为原料烧成的石灰，保证其含有90%以上的碳酸钙。

（7）砖应采用强度均匀、质地坚硬未风化的整砖。

（8）青瓦宜采用旧瓦，品种、规格和颜色应与原建筑一致，同时青瓦不应存在歪斜、缺棱掉角和裂缝等缺陷。

（9）麻筋应干燥、无受潮、无发霉。应用剪刀剪碎，并撕成松散絮状。

（10）竹钉应坚硬，规格一般为160mm×15mm×15mm，需干燥并经防霉防虫涂料浸泡处理后方可使用。

（11）麻绳直径6mm，需结实耐磨。

（12）防霉、防虫涂料应选择水性涂料。

（13）草泥浆质量比按照优质含砂黄泥（含砂量约25%）：稻草：水=8：2：5配制，搅拌至均匀且有些黏稠，随后进行发酵，发酵时间大于30天。

（14）在泥壁墙、夯土墙中，土的配置原材料选用一级生石灰块，经熟化后初筛；黏土选用未扰动含砂砾的生黏土，配比按生石灰：黏土=2：8的比例拌合均匀，堆沤3个月，混合料的含水率以11%～14%为宜。

（15）竹条不应去皮，宽度控制在10～20mm，厚度控制在5～10mm。

（16）灰膏采用壳灰：细砂：麻筋：水=100：50：4：80拌制。

（17）青瓦、筒瓦、瓦当品种的选用应与原屋面一致或符合设计要求，不存在歪斜、缺棱掉角和裂缝等缺陷。

（18）抗藻保护液、固化剂不得与水溶剂相融，成分不会对人体和环境造成危害。

3.1.3 工具准备

毛刷、瓦刀、鸭嘴、橡皮锤、鱼线、灰板、抹子、平尺板、扫帚、角磨机、切割机、扁子、轧子、气吹、夯锤、模板、线垂等。

3.1.4 作业条件

（1）石作围合结构修缮已完成。

（2）素土回填至指定标高。

（3）瓦片、砖等材料的选择已通过认证并已进场。

（4）水泥的采用应符合设计要求，其强度等级不得低于32.5级。

（5）砂宜采用符合设计要求的中砂或粗砂。

（6）墙体、屋面等各类修缮方案已编制，已对工人进行详细交底并有相应记录。

（7）结构重建修缮已完成，符合设计要求，并经验收合格。

（8）需修补部位、范围已进行甄别确认。

（9）墙基修缮已完成，符合设计要求，并经验收合格。

（10）草泥浆、麻刀灰、垫层、结合层灰土砂浆等灰浆配置已完成，并达到设计要求。

（11）各类控制线已标记结束。

（12）脚手架已按照方案搭设完成，满足砌墙、屋面修缮等各项工作使用需求。

3.2 斗底砖做法

3.2.1 专业术语

斗底砖：常用于古建筑室内及走廊的一种黏土砖，兼具防潮功能（图3-1、图3-2）。

图3-1　四角斗底砖（摄于林则徐纪念馆）

图3-2　六角斗底砖（摄于林则徐纪念馆）

3.2.2　修缮要点

（1）勾缝应黏结牢固，压实抹光，无开裂等缺陷；交接处应保证平顺，宽窄深浅一致，颜色一致。

（2）铺贴时相邻斗底砖尺寸存在微小误差时（2mm内），应进行磨边处理，确保铺贴美观。

（3）基层、垫层、铺贴面层的标高及质量均应有核对记录。

（4）斗底砖铺设空鼓情况应满足设计要求。

3.2.3 修缮技艺

1．技艺流程

弹标高控制线→素土基层回填→灰土垫层修缮→试排→弹十字控制线和分格线→斗底砖铺贴→勾缝→清洁养护。

2．弹标高控制线

（1）采用墨汁弹各类标高控制线。

（2）采用水平仪在石作围合结构上或其他可参照位置以水性漆笔做标记，用墨斗弹出标高控制线。

3．素土基层回填

采用含水率11%～14%的黄土加入碎砖碎瓦，拌制均匀，回填至设计标高+20mm处，后用夯锤进行夯实，并用木板进行拍打，直至表面坚实平整，静置24小时。

4．灰土垫层修缮

灰土垫层按配合比调制，回填至设计标高+20mm处，用夯锤进行夯实，并用木板进行拍打，直至表面坚实平整，静置24小时。

5．试排

（1）按照原建筑样式进行选砖和试排，要求尽量避免出现小于1/4的砖。试排完成后宜进行内部验收，通过后方可投入修缮。

（2）试排时应检查斗底砖的规格偏差是否在允许范围内，若相邻斗底砖存在明显偏差，应用角磨机或切割机对斗底砖变角进行处理，保证灰缝的一致性。

6．弹十字控制线和分格线

按照试排结果用墨斗弹出分格线，并弹出十字控制线，经项目管理人员确认后投入使用。

7．斗底砖铺贴

（1）铺设前应将基底进行适当清扫，保证表面无浮土。

（2）灰土砂浆厚度一般为20mm，保证铺设后斗底砖顶面标高超出设计值约5mm。将斗底砖置于灰土砂浆上，用橡皮锤按标高控制线和方正控制线坐平坐正，砖缝宽度的预留可采用标准块进行控制。

（3）铺砖时宜先在房间中间按照十字线铺设十字控制砖，之后按照十字控制砖向四周铺设，并随时用靠尺和水平尺检查平整度。大面积铺贴时应分段、分部位铺贴。

8. 勾缝

勾缝应于斗底砖铺贴24小时后进行。先用灰浆将灰缝空虚不足之处补齐，随后将平尺板贴在砖面对齐灰缝，后根据勾缝要求（凹缝、平缝）选用对应的工具进行勾缝。其中，凹缝深度为1~2mm，平缝深度为1mm。

9. 清洁养护

（1）勾缝完成后，用扫帚清理砖表面灰土，并用毛刷洇水刷至洁净，保证砖表面无灰浆和其他污渍。

（2）斗底砖铺设完成后采取封闭措施，7天内不得上人。

3.2.4 质量要求

（1）斗底砖粘贴时必须牢固，空鼓面积控制在总数的5%，单片空鼓面积不得超过单片斗底砖的10%，主要通道上不得有空鼓。

（2）灰土垫层配合比应满足设计要求。

（3）灰土砂浆结合层配合比应满足设计要求。

（4）斗底砖表面平整光洁，无划痕、裂纹、掉角、缺棱等缺陷，符合设计要求。

（5）斗底砖铺贴平整度误差不得超过2mm，相邻砖高差不得超过1mm，坡度一般为1%，局部经泼水检查不积水。

（6）基底表面平整偏差不得大于5mm，标高偏差不得超过±8mm。

（7）斗底砖缝宽误差不得超过2mm，勾缝应均匀、顺直。

3.3 青砖墙做法

（1）青砖墙样式应与原墙样式尽量一致，无可考究时则与当地古建筑风格一致（图3-3）。

（2）墙体砌筑方式和砖缝排列形式（如三顺一丁、十字缝）应遵循建筑原貌进行修缮，无可考究时应严格按照设计要求修缮。

（3）墙帽瓦片的选择及铺盖方式应遵循建筑原墙帽，无可考究时则应按照当地古建筑风格修缮，所用材料的年代应与建筑契合。

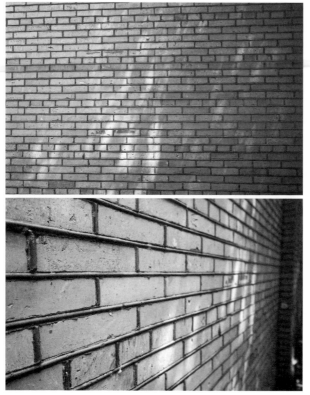

图3-3 青砖墙
（摄于澳门路）

3.3.1　专业术语

（1）空心砖墙：指墙的两面用砖立砌，或立、平交替砌筑，中间部分空出，空出部分多填碎砖、泥土之类零散材料。该类墙具有明显的节约材料的特点，经济实惠，且稳固性适当，同时还具有良好的隔声隔热性能。

（2）花砖墙：在墙体的镂空部位用砖瓦等砌成各种花样，或是将整面墙都做成镂空花样，或先烧好花式砖，再直接砌筑成花墙，做法多样。

（3）墙帽：墙帽为院墙墙顶，因形式像沿帽而得名。

（4）板瓦：板瓦是瓦的一种，并非平板，而是带有弧度，由筒型陶坯四剖或六剖制成（弧度为圆筒的1/4或1/6）。

（5）筒瓦：竹筒状瓦片，截面为半圆形。

3.3.2　修缮要点

（1）墙体颜色整体均匀程度应符合设计要求。保证砖面洁净，表面无明显缺陷。每层垂直度允许偏差为5mm。当全高不大于10m时，垂直度允许偏差为10mm；当全高大于10m，垂直度允许偏差为20mm。

（2）墙体砌筑砂浆饱满度抽检不应低于80%。

（3）勾缝黏结牢固，压实抹光，无开裂等缺陷。交接处平顺，宽窄深浅一致，颜色一致。

（4）墙帽表面应清洁美观、棱角完整。灰缝应严实，宽度均匀，深浅一致，缝线光洁。

3.3.3　修缮技艺

1．技艺流程

（1）清水墙：弹线、样活→拴线→砌砖→勾缝→清洗。

（2）空心砖墙：弹线、样活→拴线→砌砖→填充与灌浆→（勾缝）→清洗。

（3）花式砖墙：弹线、样活→拴线→砌砖→墙洞砌筑→花墙叠涩→填缝→（勾缝）→清洗。

（4）墙帽：砌胎子砖→铺盖板瓦→铺盖脊瓦/压砖→勾缝→清洗。

2．操作技艺

1）弹线、样活

先将墙基基底清扫干净，做到表面无颗粒及粉尘。随后弹出墙体厚度、长度墨线。按照砖的砖缝排列形式（如一顺一丁排法）进行试摆，若不合适，可适当调整灰缝宽度。

2）拴线

用水平仪将水平线弹至墙基处，两端用铁钉固定，并拉鱼线。鱼线两端离墙体线水平间距10mm，用于检测水平及墙体位置。操作架体设置一处线垂，或单独设置木架悬挂线垂等方式，用于检查墙体垂直度。砌筑一砖半墙必须双面挂线。多人参与长墙砌筑时，几人均应使用一根通线，中间应设几个支线点。通线要拉紧，每层砖都要穿线看平，使水平缝均匀一致，平直通顺。砌一砖厚墙时宜采用外手挂线，照顾砖墙两面平整。

3）砌砖

在砌砖墙体作业时，必须跟随控制线走。砖的位置要准确，上下层砖要错缝，相隔层要对直。

砌砖时砖必须放平，灰浆均匀，灰缝应一致，灰缝宽度以10mm为宜。砖墙砌至一步架高时，要用靠尺全面检查墙体是否垂直平整。做到3层用线垂吊，5层靠尺一靠。为避免外部因素（如风）影响拉线的准确度，可利用砌好的墙面找准新砌砖的位置。外墙砌筑时应选择颜色偏差小、棱角光整的旧青砖，确保整体的美观度。每天砌筑高度不应超过1.8m，雨天湿砖砌筑高度不应超过1.2m，过夜墙体应进行覆盖。

4）填充与灌浆

填充宜选择强度较高的碎砖，碎砖与背里砖之间应留有空隙作为浆口。灌浆宜分3次灌入：第一次灌总量1/3；第二次基本灌满；第三次在前两次基础上进行局部填补，完成后刮去砖上的浮灰并抹平。做到每层灌浆，3层抹一次线，若干层（如5层）以后适当搁置一段时间再继续砌筑。

5）墙洞砌筑

墙体高度砌筑至墙洞底部时应对墙洞进行放样，砌筑质量遵循砌墙技艺进行控制。

6）花墙叠涩

花墙修缮前，应进行试排试叠，砌筑质量遵循与砌墙技艺一致（图3-4）。

7）勾缝

先用灰浆将灰缝空虚不足之处补齐。将平尺板对齐灰缝，后根据勾缝要求（凹缝、凸缝、平缝）选用对应的工具进行勾缝。其中，凹缝深度为4~5mm，凸缝与砖缝相接处平缝深度宜平齐，平缝深度2~3mm。勾缝完成后，应将余灰扫净。

8）清洗

拆架前，用清水和软毛刷将墙面清扫、冲洗干净，保证墙体砖面无水泥或其他污渍。

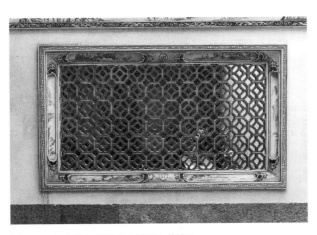

图3-4 三坊七巷花墙做法（摄于小黄楼）

9）砌胎子砖

根据设计图纸进行试垒砖瓦，确认胎子砖的形状尺寸及堆砌方式。随后均匀涂抹砂浆进行砌筑，质量要求与砌砖质量要求一致。

10）铺盖板瓦

先抹饱满灰浆，挑选尺寸大小及颜色差异小的板瓦按照试垒制式进行堆叠，每2m及每层堆叠完均需检查灰浆饱满度、叠瓦缝隙、平整度及表面顺直度。

11）铺盖脊瓦/压砖

根据墙帽样式选择墙帽正脊材质，材料尺寸与色差应进行筛选。用鱼线拉出正脊中轴线，涂抹适量灰浆，后压筒瓦/砖，缝隙应控制在4~6mm，每2m砌筑完检查标高和顺直度。

3.3.4 质量要求

（1）砌体水平灰缝的灰浆饱满度不得小于80%。

（2）砖砌体的转角处和交接处应同时砌筑，严禁无可靠措施的内外墙分砌修缮。对不能同时砌筑而又必须留置的临时间断处应砌成斜槎，斜槎水平投影长度不应小于高度的2/3。

（3）墙帽抹灰不得有裂缝、爆灰和空鼓。

（4）砖砌体的灰缝应横平竖直，厚薄均匀。水平灰缝厚度宜为10mm，但不应小于8mm，也不应大于12mm。

（5）墙体砌筑高度误差不超过15mm。

（6）墙帽面层应光洁，浆色均匀一致，无起泡翘边、露麻等粗糙现象。面层曲线应自然流畅，符合古建筑传统做法。

（7）墙帽的允许偏差和检验方法应符合表3-1规定。

墙帽允许偏差及检测方法　　　　　　表3-1

序号	项目		允许偏差（mm）		检验方法
			抹灰墙帽	砖砌墙帽	
1	表面平整度		10	6	用2m靠尺水平向贴于墙帽表面，用尺量检查
2	顶部水平平直度	2m以内	5	3	拉2m线，用尺量检查
		2m以外	7	4	拉5m线，用尺量检查
3	相邻砖高低差		—	3	用短平尺贴于高出的砖表面，楔形塞尺检查两砖相邻处
4	灰缝宽度	灰浆（宽4~6mm）	—	2	
		灰浆勾缝（8~10mm）	—	2	抽查经观察测定的最大灰缝，用尺量检查

3.4 夯土墙版筑

（1）夯土墙样式应与原斗底砖地面样式尽量一致，无可考究时则与当地同制式古建筑风格一致。

（2）夯土墙修缮质量应分层进行验收。

（3）墙帽瓦片的选择及铺盖方式应遵循建筑原墙帽进行修缮，无可考究时则遵循当地同制式古建筑风格，需注意所用材料的年代应与建筑契合。

（4）灰浆强度应符合设计要求，不得过低或过高。

3.4.1 专业术语

版筑：指筑土墙，把土夹在两块木板中间，用夯锤捣坚实，形成夯土墙。

3.4.2 修缮要点

（1）土墙每层颜色需均匀一致，无明显接缝，各层间整体无明显色差。

（2）土墙表面应平整洁净，不得有裂缝。

（3）墙帽的质量关键要求同本书3.3节青砖墙新建做法。

3.4.3 修缮技艺

1．技艺流程

土料拌制→弹线、样活→拴线→支模→土墙夯筑→模板拆除→土墙养护→墙帽施工→清洗。

2．操作技艺

1）土料拌制

土料于使用前每100g应加入麻筋4g，拌至均匀，存放于阴凉干燥处备用。

2）弹线、样活

弹出墙体厚度及长度墨线。

3）拴线

（1）用水平仪将水平线弹至墙基处，两端用铁钉固定，并拉鱼线。两端离墙体线水平间距控制在10mm左右，用于检测水平及墙体位置。

（2）在操作架体处设置一处线垂，或单独设置木架悬挂线垂等方式，用于检查墙体垂直度。

（3）夯筑一层后必须双面挂线。如果是长墙，几个人均使用一根通线，中间应设几个支线点。小线还要拉紧，以照顾两面平整。

4）支模

模板高500mm、长2m，应连接可靠，保证在夯土过程中不发生变形。木模板架设需两人同时操作。架设完后应调整对中，使垂线、端板中线与墙中线重合。

5）土墙夯筑（图3-5）

（1）夯土墙应分层交错夯筑，夯筑应均匀密实。

（2）入模的土料，每层虚铺厚度不宜大于200mm。

（3）夯前用铲刀将土料拨平，墙板边角部土料可稍厚50~100mm。

（4）夯筑时先用圆锤夯打墙板内中部土质，再用扁锤夯打边角部位土质。

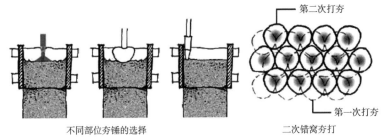

不同部位夯锤的选择　　　　　　　二次错窝夯打

图3-5 夯土墙做法（引用）

（5）每一夯点至少夯打2锤，每次夯击时，夯锤提升高度至少在0.4m以上。

（6）夯击时，按梅花形落锤，夯点之间要保证连续、不漏夯。

（7）每层铺土在第一遍夯击完成后，对夯窝之间高起部分应进行第二次夯打。

（8）墙体应分层夯筑，每天修缮高度不宜超过1.5m。

（9）修缮段的分段位置宜设于门窗洞口处，相邻修缮段高差不宜超2.0m。

6）模板拆除

（1）夯土墙的拆模时间需根据天气进行调整，夏季日均气温30℃以上时24小时可拆模，日均气温低于30℃则需过48小时进行拆模。

（2）墙板拆卸后，对土墙侧面使用木扇板拍实，用力应适中；对墙内的孔洞应采用配合料进行塞填封堵，每侧塞填深度不小于100mm；夯土墙水平接缝处及其他缺陷部位，在拍打过程中随即进行修补。

7）土墙养护

（1）夯土墙修缮完毕后，表面用塑料薄膜包裹，防止雨水损坏。

（2）夯土墙夏天养护7～14天，必须覆盖麻袋、塑料布或土工布养生，若天气太热、墙面过干则可喷洒雾状水适量。根据修缮现场日照情况，在土墙受阳面搭设遮阳棚对土墙进行遮挡，防止土墙受阳面失水过快开裂倾斜。

8）墙帽重建

墙帽重建操作技艺同本书3.3节青砖墙重建做法。

9）清洗

拆架前，用清水和软毛刷将墙帽墙体清扫干净，以墙体砖面无水泥和其他污渍（如壳灰）痕迹为宜。

3.4.4 质量要求

（1）夯土墙表面达到设计强度，以钢丝在墙面用力划，划痕深度不大于0.5mm为宜。

（2）夯土墙面无明显裂缝，无麻面、起砂、掉皮。

（3）墙帽施工质量要求同本书3.3节青砖墙新建做法。

（4）夯土墙模板安装偏差见表3-2。

夯土墙模板安装偏差   表3-2

项目		允许偏差（mm）	检查方法
轴线位置		3	尺量
模板内部尺寸		3	尺量
垂直度	墙高≤6m	8	吊线测量
	墙高≥6m	10	吊线测量
相邻两块模板表面高差		1	尺量
表面平整度		3	2m靠尺测量

（5）夯土墙版筑允许偏差见表3-3。

夯土墙版筑允许偏差   表3-3

项目	允许偏差（mm）	检查方法
立面垂直度	4	2m靠尺
表面平整度	4	2m靠尺
阴阳角方正	4	直角方尺

3.5 墙体抹灰做法

（1）墙体样式应与原墙体样式尽量一致，无可考究时则与当地同制式古建筑风格一致（图3-6、图3-7）。

（2）墙体抹灰的部位、面积应遵循原建筑，无可考究时则遵循当地同制式古建筑传统做法。

图3-6 墙体抹灰1（摄于澳门路）

图3-7 墙体抹灰2（摄于澳门路）

（3）草泥浆结合层需进行验收，验收合格后方可涂抹麻刀灰浆层。

3.5.1 专业术语

麻刀灰：乱麻绳剁碎，掺在熟石灰中，加工而成。

3.5.2 修缮要点

（1）草泥浆结合层修缮完毕后，保持干燥，自然晾干后方可进行后续修缮。

（2）草泥浆结合层表面应平整洁净，不得存在开裂。

（3）麻刀灰面层表面应平整洁净，不得有开裂空鼓。

3.5.3 修缮技艺

1．技艺流程

1）砖墙新制抹灰

砖墙基底处理→麻刀灰结合层→麻刀灰罩面。

2）土墙新制抹灰

土墙基底处理→钉麻揪→草泥浆结合层→麻刀灰罩面。

2．操作技艺

1）砖墙基底处理

（1）若砖墙表面风化较严重，为保证抹灰质量，可先用瓦刀清除表面风化层，并将表面凿毛。

（2）用扫帚清扫墙面，要求整个墙面无浮土或浮灰。

（3）清扫后用水淋洒墙面，保证墙面充分湿润，淋洒次数不少于3遍为宜。

2）土墙基底处理

土墙涂刷固化剂后，用毛刷轻轻扫净墙体表面，以手摸无浮土及浮灰为宜。

3）钉麻揪

在墙面按上、下、左、右各相距100mm，分别钉入160mm×15mm×15mm竹钉，竹钉需露出修补处约30mm，后用直径6mm的麻绳代替麻秆编网，完成后进行抹灰。其中，竹钉需干燥并经防霉防虫涂料浸泡处理后方可使用。

4）麻刀灰结合层

（1）用抹子在基底上抹一层厚度10mm的麻刀灰（按照麻刀灰浆：麻筋=100：4拌制）。涂抹时，从下至上横向逐行进行涂抹，无须轧光刷浆，涂抹完成后要求墙表面平整洁净。

（2）第一层稍干时再抹一遍，要求表面平整无凹凸不平，在阴凉干燥处自然风干后无开裂现象。

5）草泥浆结合层

草泥浆结合层的涂抹厚度约为20mm，要求用力抹实，抹完后表面应保证平整。要求在阴凉干燥处自然风干，干燥后无开裂现象。

6）麻刀灰罩面

用抹子于打底结合层上涂抹面层麻刀灰（按照麻刀灰浆：麻筋=100：3拌制），每遍涂抹厚度约为3mm厚。涂抹时从下至上横向逐行进行涂抹，一遍抹完后用轧子将墙面轧光，重复上述步骤再行涂抹一遍。其中，要求轧子随擀轧遍数增大逐渐翘起，最后只用前端着力，以确保面层麻刀灰的密实度和强度。工序完成后要求墙表面平整洁净，无开裂。

3.5.4　质量要求

（1）竹材应做好防虫、防霉处理。

（2）草泥浆配制符合设计要求。

（3）麻刀灰浆配制符合设计要求。

（4）各层抹灰与基底必须粘结牢固，无脱层空鼓，面层无爆灰和裂缝，颜色均匀。

（5）草泥浆表面平整无开裂。

（6）麻刀灰面层表面平整细腻洁净无起泡，四周收边符合观感要求。

（7）麻刀灰面层的允许偏差和检验方法见表3-4。

麻刀灰面层的允许偏差和检验方法　　　表3-4

序号	项目	允许偏差（mm）	检验方法
1	表面平整	8	用2m靠尺和楔形塞尺检查
2	阴阳角垂直	10	用2m拖线板和尺量检查，要求收分的墙面不检查

3.6 泥壁墙做法

（1）待做泥壁墙处的结构（门、枋等）已验收无误。

（2）泥壁墙骨架材料应完成防腐处理后再进行修缮。

（3）泥壁墙草泥浆抹灰层需验收后涂抹壳灰层。

（4）草泥浆配比及发酵时间应符合设计要求。

3.6.1 专业术语

泥壁墙：指以木条、竹条、芦苇秆作为骨架，表面抹草泥浆、壳灰制成的墙。在福州地区也称作灰板壁。

3.6.2 修缮要点

（1）编制龙骨的木条、草泥浆抹灰层应于干燥处自然晾干后方可进行面层修缮。

（2）泥壁墙表面应平整洁净，不得有开裂。

3.6.3 修缮技艺

1．技艺流程

原泥壁墙拆除→龙骨施工→抹草泥浆→抹壳灰。

2．操作技艺

1）原泥壁墙拆除

将原泥壁墙（含壳灰面层、草泥浆层、龙骨）进行小心拆除，不得损坏四周木结构，并将结构用毛刷洇水清洗干净，要求无浮土浮灰和木屑。

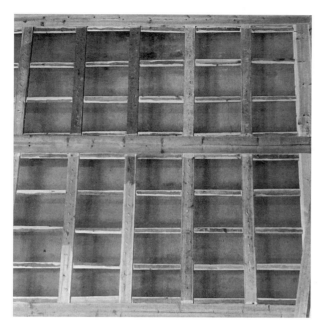

图3-8 龙骨(摄于南后街)

2)龙骨修缮(图3-8)

(1)根据泥壁墙大小用100mm×50mm木板分为若干块,每块长宽均不大于1.5m。

(2)从分割块的短边两侧起,设置50mm×25mm木龙骨,间距约300~400mm,木龙骨两端与木板通过榫卯固定牢靠。

(3)木龙骨垂直方向采用芦苇秆或竹条在木龙骨上交错编插,要求长度均匀一致,编插紧密。

3)抹草泥浆

(1)抹草泥浆前应于泥壁墙四周用美纹纸粘贴做成品保护,要求以木龙骨为中心,两侧各预留30mm为边界进行黏贴。

(2)龙骨两面用草泥浆各抹一遍,厚度20mm,用力抹实，表面应保证平整，保持其在阴凉干燥处自然风干。

4）抹壳灰

草泥浆风干后，进行壳灰膏抹灰施工，厚度为3mm。泥壁墙四周做1mm收边处理，要求表面平整洁净，完成后立刻撕除美纹纸，进行适当修补。

3.6.4 质量要求

（1）木材、竹材、芦苇秆均应做好防虫、防霉处理。

（2）草泥浆配制符合设计要求。

（3）壳灰膏配制符合设计要求。

（4）龙骨尺寸分割、编制方法符合设计要求和古建筑常规做法。

（5）草泥浆表面平整无开裂。

（6）壳灰面层表面平整细腻洁净无起泡，四周收边符合观感要求。

3.7 瓦屋面做法

（1）屋脊、扎口的外形、图案制式等应与原屋面一致，若无可考究则按当地同制式古建筑常规做法进行修缮（图3-9～图3-12）。

（2）损毁过于严重的屋脊，需对屋脊重修方案进行论证，形成相应记录。

（3）屋面施工前，应对建筑结构考察验收，通过后方可进行。

（4）屋面修缮完成后，应进行淋水试验，发现漏水立刻整改，避免水对木构、土墙等造成侵蚀。麻筋应干燥、避免受潮发霉。

图3-9 滴水瓦（摄于林则徐纪念馆）　　　图3-10 瓦当（摄于林则徐纪念馆）

图3-11 筒瓦
（摄于林则徐纪
念馆）

图3-12 筒瓦
（摄于林则徐纪
念馆）

3.7.1 专业术语

扛槽：为增强防水性能，底瓦与面瓦搭接处用灰进行黏结。

3.7.2 修缮要点

（1）瓦屋面整体颜色均匀程度应符合设计要求（图3-13）。

（2）勾缝黏结牢固，压实抹光，无开裂等缺陷。交接处平顺，宽窄深浅一致，颜色一致。

（3）瓦片搭接应符合要求，线条顺直美观。

（4）瓦屋面不得有漏水现象。

3.7.3 修缮技艺

1．技艺流程

1）硬山顶

基层清理→屋脊施工→挂瓦施工→屋面瓦铺设→（扎口施工）→表面清理。

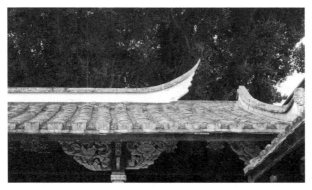

图3-13 瓦屋面（摄于林则徐纪念馆）

2）悬山顶（图3-14）、歇山顶（图3-15）、庑殿顶

基层清理→屋脊新建修缮→屋面瓦铺设→扎口修缮表面清理。

3）攒尖顶（图3-16）

基层清理→宝顶安装→（屋脊新建修缮）→屋面瓦铺设→扎口修缮表面清理。

图3-14 悬山顶（摄于南后街）

图3-15 歇山顶（摄于水榭戏台）

图3-16 攒尖顶（摄于水榭戏台）

4）宝顶安装

宝顶安插→调校。

5）压砖屋脊

屋脊底瓦铺设→灰浆包封→压砖→灰浆包封/勾缝。

6）燕尾脊（图3-17、图3-18）

屋脊底瓦铺设→灰浆包封→压砖→屋脊瓦铺设→压砖→灰浆包封→灰塑（燕尾、雀尾等）打底修缮→灰浆面层修缮（上彩）。

7）筒瓦屋脊

屋脊底瓦铺设→压筒瓦→（灰浆包封）。

8）截水脊

屋脊底瓦铺设→砌胎子砖→灰浆包封→灰塑（燕尾、雀尾等）打底修缮→灰浆面层修缮→（上彩）。

2. 操作技艺

1）基层清理

用扫帚将基层清理干净，要求表面无木屑、木刺和浮灰。

2）屋脊新建修缮

新建面积大于原建筑面积1/2时采用重建方式。详见不同脊的做法。

图3-17 燕尾脊1（摄于黄巷）

图3-18 燕尾脊2（摄于水榭戏台）

3）挂瓦修缮

（1）于墙体屋面相接处进行屋面试摆，确定挂瓦的位置高度，用墨斗弹出高度控制线。

（2）用灰浆将瓦片沿控制线固定于墙体，瓦片缝隙应控制在4～6mm，要求灰浆饱满。

（3）待干后，对控制线部位及瓦片接缝处进行勾缝处理，要求宽度为20mm、厚度为5mm，表面还应均匀平整，勾缝对接平滑。

（4）完成后，应用毛刷洇水将余灰扫净。

4）屋面瓦铺设

（1）用墨斗按照瓦片尺寸弹出底瓦控制线，按从正脊至檐口的纵向顺序铺盖一层底瓦，每次铺盖纵向长度约1m。于底瓦间铺盖面瓦，铺盖面瓦时为保持顺直，应以平尺板作为一边进行控制，完成后以此类推继续往下逐层铺设。铺盖时瓦片应挑选颜色、大小、弧度差距小的旧瓦进行铺设，瓦片搭接面积应与原建筑屋面一致（一般为压六留四）。

（2）面瓦铺盖前根据设计要求确认是否做扛槽，若需要则用灰浆均匀涂抹于底瓦边，宽约50mm、厚约30mm，完成后铺盖面瓦，并用抹子将底瓦、面瓦搭接缝隙处的灰浆抹平，清理残留灰浆。

5）扎口修缮

（1）按照原屋面扎口制式尺寸进行瓦片堆叠（一般为3层），然后用灰浆进行包封。抹灰浆每遍厚度为7~9mm，要求抹灰层与瓦片之间黏结牢固，无脱层、空鼓，面层无爆灰和裂缝等缺陷，表面还应光滑洁净、轮廓清晰美观。

（2）部分屋面以瓦当、滴水瓦的形式作为檐口，则无须包封。

6）表面清理

拆架前，用清水和扫帚将屋面瓦表面清扫、冲洗干净，保证屋面瓦表面无其他污渍。

7）宝顶安插

首先对宝顶安插处均匀涂抹适量灰浆包封，然后将宝顶对准装入，压实并清理余灰。

8）调校

宝顶四周用不少于3台激光墨线仪同时对宝顶进行微调校正，保证其垂直度，校正后1天内屋面不得上人置物。

9）屋脊底瓦铺设

（1）铺设前应于屋脊两侧铺设长约500mm底瓦面瓦，确保后期屋面修缮不会影响和破坏屋脊。

（2）根据屋脊定位涂抹灰浆，弧面朝上铺设底瓦，要求灰浆饱满，底瓦缝隙不超过4mm，每2m检查标高和顺直度。

10）压筒瓦

选用规格颜色差异小的旧筒瓦，用鱼线拉出脊的中轴线，涂抹适量灰浆，后压筒瓦，缝隙应控制在4～6mm，每2m检查标高和顺直度。

11）灰浆包封

用灰浆根据设计要求或原屋面制式进行涂抹，要求抹灰浆每遍厚度为7～9mm，抹灰层与基础主体之间黏结牢固，无脱层、空鼓，面层无爆灰和裂缝等缺陷。表面还应光滑、洁净，线脚顺直清晰。

12）勾缝

（1）先用灰浆将灰缝空虚不足之处补齐。将平尺板对齐灰缝，后根据勾缝要求（凹缝、凸缝、平缝）选用对应的工具进行勾缝。其中，凹缝深度为4～5mm；凸缝与砖缝相接处平缝深度宜平齐，平缝深度2～3mm。

（2）勾缝完成后，应将余灰扫净。

13）压砖

选用规格颜色差异小的旧青砖，用鱼线拉出脊的中轴线，涂抹适量灰浆。后压砖，缝隙应控制在4～6mm，每2m检查标高和顺直度。

14）砌胎子砖

根据设计图纸要求或原建筑制式进行试垒砖，确认胎子砖的形状尺寸及堆砌方式。随后均匀涂抹灰浆进行砌筑，质量要求与砌砖质量要求一致。

15）灰塑（燕尾、雀尾等）打底修缮

有涉及灰塑彩绘的新制详见漆作相应章节。

16）灰浆面层修缮

抹灰面层可按每100g加入4g麻筋进行均匀拌制，面层一般厚度不大于2mm，并进行压光，表面还应平整、光洁，无开裂。

17）上彩

有涉及灰塑彩绘的新制详见漆作相应章节。

3.7.4　质量要求

（1）屋面防水性能应符合设计要求。

（2）屋脊、扎口等细部做法采用当地同制式古建筑常规做法。

（3）屋脊灰缝应横平竖直，厚薄均匀。水平灰缝厚度宜为10mm，不应小于8mm，也不应大于12mm。

（4）瓦片质量及搭接方式（如压六留四）质量应符合要求。

3.8　斗底砖修缮

（1）斗底砖的选择及铺贴方式应与原建筑一致。

（2）所用灰浆强度应符合设计要求。

3.8.1　专业术语

斗底砖：常用于古建筑室内及走廊的一种黏土砖，兼具防潮功能。

3.8.2　修缮要点

（1）勾缝应粘结牢固，压实抹光，无开裂等缺陷。交接处应保证平顺，宽窄深浅一致、颜色一致。

（2）铺贴时相邻斗底砖尺寸存在微小误差时（2mm内），应进行磨边处理，确保铺贴美观。

（3）斗底砖铺设质量（如空鼓的情况）应满足设计要求。

3.8.3　修缮技艺

1．技艺流程

修补处凿除→试排→斗底砖铺贴→勾缝→清洁养护。

2．操作技艺

1）修补处凿除

（1）将需修补处的斗底砖进行小心凿除，以能保留原斗底砖为宜，保留的斗底砖用毛刷清理灰浆并洗净，对指定修缮部位进行标注存放，以便原位复原。

（2）凿除修补处的灰缝层、灰浆结合层，并对原垫层进行清洗处理，保证表面平整无浮土浮灰为准。

2）试排

（1）按照原地面形式进行试排，确保修补的斗底砖尺寸、颜色缝隙与原地面保持一致。

（2）试排时应检查斗底砖的规格偏差是否在允许范围内，若相邻部位存在明显偏差，应用角磨机或切割机对斗底砖变角进行处理，保证铺贴的美观程度及灰缝的美观一致。

3）斗底砖铺贴

（1）铺设前应将基底进行适当清扫，保证表面无浮土为宜。

（2）按设计要求铺设调制好灰土砂浆，其厚度一般为20mm。为保证铺设后斗底砖顶面标高超出设计值约5mm，将砖放置于灰土砂浆上，用橡皮锤控制标高，砖缝宽度的与原地面保持一致。

4）勾缝

（1）勾缝应于斗底砖铺贴24小时后进行，先用灰浆将灰缝空虚不足之处补齐。随后，将平尺板贴在砖面对齐灰缝，后根据勾缝要求（凹缝、平缝）选用对应的工具进行勾缝。其中，凹缝深度为1～2mm，平缝深度为1mm。

（2）勾缝完成后，应将余灰扫净。

5）清洁养护

（1）勾缝完成后，用扫帚清理砖表面灰土，并用毛刷洇水刷至洁净，保证砖表面无灰浆和其他污渍。

（2）斗底砖铺设完成后采取封闭措施，7天内不得上人。

3.8.4　质量要求

（1）斗底砖粘贴时必须牢固，单片空鼓面积不得超过10%，主要通道上的修补不得有空鼓。

（2）灰土砂浆结合层配合比应满足设计要求。

（3）斗底砖表面平整光洁，无划痕、裂纹、掉角、缺棱等缺陷，颜色应与原地面一致，符合设计要求。

（4）斗底砖铺贴平整度误差不得超过2mm，相邻砖高差不得超过1mm，坡度一般为1%，局部经泼水检查不积水。

（5）斗底砖缝宽应符合设计要求，误差不得超过2mm，勾缝应均匀、顺直，与原地面灰缝颜色一致，无明显交接处。

3.9 青砖墙修缮

（1）修缮时，青砖墙样式应与原墙样式尽量一致。

（2）原墙的结构安全需进行鉴定，确定是否可进行局部修缮。

（3）灰浆强度、砖的强度应符合设计要求，不得过低或过高。

（4）应采取逐一进行修补的方式，且每天下班前必须完成，以确保墙体的整体结构安全性。

（5）墙帽瓦片的选择及铺盖方式应与建筑原墙帽一致。

3.9.1 专业术语

拆砌：墙体损坏部位位于中下部。当整个墙体比较完好时，将采取边拆边砌的修缮做法。

3.9.2 修缮要点

（1）墙体颜色整体均匀程度应符合设计要求，保证砖面洁净、表面无明显缺陷。

（2）墙体修补灰浆饱满度抽检不应低于80%，灰浆强度等级应满足设计要求。

（3）勾缝黏结牢固，压实抹光，无开裂等缺陷；交接处平顺，宽窄深浅一致，颜色一致。

（4）墙帽表面应清洁美观、棱角完整。修缮部位灰缝颜色应与原墙帽一致，并做到严实、宽度均匀、深浅一致、缝线光洁。

3.9.3 修缮技艺

1．技艺流程

1）剔凿挖补

局部酥碱凿除→基底清洗→弹线、样活→拴线→砌砖→（勾缝）→清洗。

2）墙帽整修

墙帽破损处拆除→瓦片搭接处清洗→补铺板瓦→补铺脊瓦/压砖→（勾缝）→清洗。

3）拆砌

弹线、样活→拴线→局部酥碱、空鼓、鼓膨、损坏处拆除（墙体中下部）→基底清洗→砌砖→填缝→（勾缝）→清洗。

4）局部拆砌

局部拆除→基底清洗→弹线、样活→拴线→砌砖→填缝→（勾缝）→清洗。

5）重新砌筑

墙体拆除和材料清洗→弹线、样活→拴线→砌砖→填缝→（勾缝）→清洗。

2．操作技艺

1）局部酥碱凿除

用凿子将需修复的地方小心凿除，尽可能保留原砖，凿除面积应是整砖的倍数。凿除后应检查修复处附近有无松动的墙砖，若有则需小心取下。

2）墙帽破损处拆除

将墙帽破损处、漏水处的瓦片进行局部拆除，拆除时瓦片应按整块拆除，不得留有残片。漏水处瓦片拆除范围应于两端外扩300mm，并拆至墙体。

3）瓦片搭接处清洗

（1）需修缮的瓦片搭接处，应将原墙帽2片瓦片长度的原灰浆进行清洗，用毛刷扫净浮土浮灰并洇湿。

（2）拆至墙体处的墙顶应用毛刷扫净浮土浮灰并洇湿。

4）补铺板瓦

将原墙帽搭接处的板瓦进行灰浆涂抹，要求灰浆饱满密实后按照原墙帽制式将补配板瓦进行分层搭接铺装，每层涂抹灰浆均应饱满密实。铺盖完成后用平尺板检测平整度，整体与原墙帽误差不得超过10mm。

5）补铺脊瓦/压砖

板瓦铺盖完成后涂抹灰浆并铺盖墙帽脊瓦/压砖，要求灰浆饱满，搭接缝隙控制在3～5mm，并用平尺板检测顺直度，误差不得超过2mm。

6）基底清洗

对修补处的搭接面进行表层剔除，露出砖块坚硬部分，用毛刷扫净浮土浮灰并洇湿。

7）局部酥碱、空鼓、鼓膨、损坏处拆除

用凿子将需修复的地方小心凿除，尽可能保留原砖，一次最多可凿除3块砖。凿除后应检查修复处有无松动的墙砖，若有则需小心取下。

8）局部拆除

将需修复的地方进行拆除，拆除面积应是整砖的倍数，拆除后应检查修复处有无松动的墙砖，若有则需小心取下。

9）墙体拆除和材料清洗

（1）以保留好原砖为目的，从上至下对墙体进行保护性拆除。

（2）用毛刷扫净拆下的砖表面的浮土浮灰并洇湿。

10）弹线、样活

弹出墙体厚度、长度，按照砖的砖缝排列形式（如一顺一丁排法）进行试摆。若不合适，可适当调整灰缝宽度。

11）拴线

（1）用水平仪将水平线弹至墙基处，两端用铁钉固定，并拉鱼线。鱼线两端离墙体线水平间距10mm，用于检测水平及墙体位置。

（2）操作架体设置一处线锤，或单独设置木架悬挂线锤等方式，用于检查墙体垂直度。

（3）砌筑一砖半墙后必须双面挂线。多人参与长墙砌筑时，几人均应使用一根通线，中间再设几个支线点。通线要拉紧，每层砖都要穿线看平，使水平缝均匀一致、平直通顺。砌一砖厚墙时，宜采用外手挂线，以照顾砖墙两面平整。

12）砌砖

（1）在砌砖墙体作业时，必须跟随控制线走。砖的位置要准确，上下层砖要错缝，相隔层要对直。

（2）砌砖时砖必须放平，而且灰浆均匀、灰缝一致，砖的宽度还应控制在8mm内。

（3）砖墙砌至一步架高时，要用靠尺全面检查墙体是否垂直平整。做到3层用线垂吊，5层靠尺一靠。

（4）为避免外部因素（如风）影响拉线的准确度，可利用砌好的墙面找准新砌砖的位置。

（5）外墙砌筑时应选择颜色偏差小、棱角光整的旧青砖，确保整体的美观度。

（6）每天砌筑高度不应超过1.8m，雨天湿砖砌筑高度不应超过1.2m，过夜墙体应进行覆盖。

（7）砖墙的修补需根据原墙体砌筑方式进行，灰缝亦以原墙体为标准进行预留和修复。

（8）拆砌应特别注意，一次拆砌的长度不应超过500~600mm。若只拆砌外（里）皮，长度不得超过1m。

13）勾缝

（1）先用灰浆将灰缝空虚不足之处补齐，再将平尺板对齐灰缝，后根据勾缝要求（凹缝、凸缝、平缝）选用对应的工具进行勾缝。其中，凹缝深度为4~5mm，凸缝与砖缝相接处平缝深度宜平齐；平缝深度为2~3mm。

（2）勾缝完成后，应将余灰扫净。

14）清洗

拆架前，用清水和软毛刷将墙面/墙帽瓦面清扫、冲洗干净，保证墙体砖面无水泥或其他污渍。

3.9.4 质量要求

（1）砌体修补的灰浆饱满度不得小于80%。

（2）拆除应完整拆除，留有砖槎、坡槎，搭接处应清洗干净。修补的墙体需与原墙体做阶梯形接槎搭接处理。

（3）墙帽抹灰不得有裂缝、爆灰、空鼓。

（4）砖砌体的灰缝应横平竖直、厚薄均匀。水平灰缝厚度宜为10mm，不应小于8mm，也不应大于12mm。

（5）墙帽面层应光洁，修缮部位外露浆色应与原墙帽一致，无起泡翘边、露麻等粗糙现象，面层曲线应自然流畅。

3.10 夯土墙修缮

（1）修缮时，夯土墙样式应与原墙样式一致。

（2）原墙的结构安全需进行鉴定后，确定是否可进行局部修缮。

（3）灰浆强度、砖的强度应符合设计要求，不得过低或过高。

（4）应采取逐一进行修补的方式，且每天下班前必须完成，以确保墙体的整体结构安全性。

（5）墙帽瓦片的选择及铺盖方式应与建筑原墙帽一致。

3.10.1 专业术语

钉麻揪：将麻秆钉在墙上再抹灰的做法。

3.10.2 修缮要点

（1）土墙修补处颜色需与原墙体一致，无明显接缝。

（2）土墙修补处不得空鼓，不得有开裂，表面应平整洁净。

（3）墙帽的质量关键要求同本书3.9节青砖墙修缮做法。

3.10.3 修缮技艺

1．技艺流程

1）抹灰修补

粉化层凿除→基底清洗及涂刷界面剂→抹灰→养护。

2）钉麻揪修补

粉化层凿除→基底清洗及涂刷界面剂→钉麻揪→抹灰→养护。

3）砖补

粉化层凿除→基底清洗及涂刷界面剂→砌砖修补→抹灰→养护。

4）墙帽整修

墙帽整修技艺同本书3.9节青砖墙修缮做法。

2．操作技艺

1）粉化层凿除

用凿子将需修复的粉化部位小心凿除，要求凿至手摸不掉块。

2）基底清洗及涂刷界面剂

用毛刷洇水轻刷修补处至无土颗粒脱落，涂刷抗藻剂和固化剂至少各2遍。完成后保持干燥自然风干24小时，手摸无浮土及浮灰。

3）抹灰

（1）土料于使用前每100g应加入麻筋4g，拌至均匀，并于当日使用。每遍厚度约20mm，应均匀涂抹，保持表面平整，抹完后适当拍打。每层干燥风干后，经检查不空鼓方可涂抹下一层。

（2）对土墙修补面最后一遍拍打时间应在凝固结实初期进行，应用木板用力拍打至密实，直至出面浆为止，然后用泥抹子压平抹光，确保新老墙无明显缝隙。

（3）深度50mm以内的墙体修补，可于涂刷界面剂后直接抹灰。

4）钉麻揪

深度50～100mm的墙面修补，应在墙面按上、下、左、右相距100mm的梅花状钉入160mm×15mm×15mm竹钉。竹钉需露出修补处约30mm，后用直径6mm的麻绳代替麻秆编网，完成后进行抹灰。

5）砌砖修补

（1）深度大于100mm的墙面修补，先抹20mm厚土料，后采用青砖进行砌筑。青砖应用毛刷洇水刷干净，砍砖断裂处表面应平整，砂浆应饱满，强度应满足设计要求。

（2）砌砖完成后用土料进行塞缝涂抹，并用木板用力拍打至密实。

6）养护

表面用塑料薄膜包裹。若天气太热，修补处过干，则需喷洒雾状水适量。根据修缮现场日照情况，在修补处表面进行遮挡，使其自然干燥风干。

7）墙帽整修

整修修缮技艺同本书3.9节青砖墙修缮做法。

3.10.4 质量要求

（1）夯土墙修补表面强度，符合本书3.4节夯土墙版筑质量要求。

（2）修补处无明显裂缝，无麻面、起砂、掉皮。

（3）墙帽整修修缮质量要求同本书3.9节青砖墙修缮做法。

（4）修补处颜色应与老墙一致，无明显接缝。

3.11 墙体裂缝修缮

（1）对砌体裂缝的维修，必须在裂缝稳定以后进行。

（2）所用灰浆强度、水泥砂浆、砖的强度应符合设计要求，不得过低或过高。

（3）应采取逐一进行修补的方式，且每天下班前必须完成，以确保墙体的整体结构安全性。

3.11.1 专业术语

砌体裂缝维修：针对结构安全尚未形成威胁，且已趋稳定的砌体裂缝进行维修（图3-19）。

图3-19 墙体裂缝

3.11.2 修缮要点

（1）墙体颜色整体均匀程度应符合设计要求，保证砖面洁净、表面无明显缺陷。

（2）墙体修补灰浆饱满度抽检不得低于80%。

（3）勾缝黏结牢固，压实抹光，无开裂等缺陷；交接处平顺，宽窄深浅一致，颜色一致。

（4）修补砖与相邻砖尺寸存在微小误差时（2mm内），应进行磨边处理，确保修补美观。

3.11.3 修缮技艺

1．技艺流程

1）水泥砂浆嵌补

缝隙清理→缝隙嵌补→表面清理。

2）挖补

整砖凿除→基底清洗→砌砖→勾缝→表面清理。

2．操作技艺

1）缝隙清理

（1）砖体上较窄（小于5mm）较浅（小于10mm）

的斜裂缝，可用水泥砂浆进行嵌补。

（2）用刮刀和气吹等工具将缝隙颗粒物清理干净，要求清理后吹气检查无灰土飞出，并用水将进行润湿。

2）缝隙嵌补

（1）先用1∶3水泥砂浆进行裂缝修补（预留1～2mm），干后采用灰浆补平。

（2）灰浆补平完成后，应将余灰扫净。

3）整砖凿除

（1）砖体上较宽（大于5mm）的斜裂缝，可用同一规格的砖块进行跨缝挖补。

（2）小心凿除一块整砖，拆除后应检查修复处附近有无松动的墙砖，若有则需小心取下。

4）基底清洗

对修补处的搭接面进行表层剔除，露出砖块坚硬部分，用毛刷扫净浮土浮灰并洇湿。

5）砌砖

（1）砌砖修补前先将砖进行试摆，修补砖应与原砖墙面灰缝、颜色一致，满足设计要求即可进行修补。

（2）砌砖时砖必须放平，砂浆饱满均匀，缝宽应一致，宽度以10mm为宜。

（3）砌筑时应选择颜色偏差较小、棱角光整的旧青砖，确保整体的美观度。

6）勾缝

（1）先用灰浆将缝隙空虚不足之处补齐，再将平尺板贴在墙上对齐灰缝，后根据原墙面勾缝（凹缝、凸缝、平缝）选用对应的工具进行勾缝。其中，凹缝深度为4～5mm，凸缝与砖缝相接处平缝深度宜平齐；平缝深度为2～3mm。

（2）勾缝完成后，应将余灰扫净。

7）表面清理

拆架前，用清水和软毛刷将修补处和墙面清扫、冲洗干净，保证墙体砖面无水泥或其他污渍。

3.11.4 质量要求

（1）砌体水平灰缝的灰浆饱满度不得小于80%。

（2）灰浆配合比应满足设计要求。

（3）水泥砂浆配合比应满足设计要求。

（4）墙体表面整体颜色一致，灰缝一致，无明显缺陷，外观质量符合设计要求。

（5）修补处的灰缝应横平竖直、厚薄均匀。水平灰缝厚度宜为10mm，不应小于8mm，也不应大于12mm。

3.12　墙体抹灰修缮

（1）修缮时，墙体抹灰样式应与原墙体抹灰样式一致。

（2）修缮部位应严谨进行鉴定确认。

（3）所用灰浆强度应符合设计要求。

（4）草泥浆结合层需验收合格后，方可涂抹麻刀灰浆层。

（5）草泥浆配比及发酵时间应符合设计要求。

3.12.1 专业术语

麻刀灰：用乱麻绳剁碎，掺在熟石灰中而加工成的。

3.12.2 修缮要点

（1）修补处基底应清洁，表面无浮土浮灰。

（2）草泥浆结合层修缮完毕后保持干燥，自然晾干后方可进行后续面层修缮。

（3）草泥浆结合层表面应平整洁净，不得存在开裂。

（4）麻刀灰面层表面应平整洁净，不得有开裂空鼓。

3.12.3　修缮技艺

1．技艺流程

1）砖墙修缮抹灰

抹灰破损处凿除→结合层完好→麻刀灰结合层基底处理→麻刀灰罩面。

结合层损毁→砖墙基底处理→钉麻揪→麻刀灰结合层→麻刀灰罩面。

2）土墙修缮抹灰

抹灰破损处凿除→结合层完好→草泥浆结合层基底处理→麻刀灰罩面。

结合层损毁→土墙基底处理→钉麻揪→草泥浆结合层→麻刀灰罩面。

2．操作技艺

1）抹灰破损处凿除

将抹灰破损、风化严重、空鼓等需修补处进行凿除，要求小心谨慎。凿除面以横平竖直矩形为准，凿除时应时刻留意面层与结合层是否脱离，并作为结合层是否完好的判断依据。凿除后检查基层平整度及四周是否有损毁，并进行适当整修。

2）结合层完好

面层与结合层存在脱离。面层经凿除后，用钢丝在结合层用力划，一般划痕深度不大于2mm，则可认为结合层表面强度及风化程度符合设计要求。用空鼓槌进行仔细检查，无空鼓开裂，界定为结合层完好。

3）结合层损毁

结合层已与原墙体脱离，或结合层与需修缮面层无法分离时，则凿除至原墙面。

4）麻刀灰结合层基底处理

麻刀灰结合层表面用抹子进行适当刮平处理，后进行砍凿，作用类似打毛，深度不超过2mm。最后用毛刷或扫帚沾水将表面浮灰扫净，再薄刷3mm厚100：4麻刀灰一层，阴凉干燥处自然风干。

5）草泥浆结合层基底处理

草泥浆结合层表面用抹子进行适当刮平处理，后进行砍凿，作用类似打毛，深度不超过5mm。再用毛刷或扫帚沾水将表面浮灰扫净，并薄刷10mm草泥浆一层，用木板用力拍打至密实，最后于阴凉干燥处自然风干。

6）砖墙基底处理

（1）若砖墙表面风化较严重，为保证抹灰质量，可先用瓦刀于墙体进行砍凿，砍至表面有痕粗糙即可。

（2）用扫帚清扫墙面，要求用力并确保整个墙面都扫到，保证墙面无浮土及浮灰。

（3）清扫后用水淋洒墙面，保证墙面充分湿润，淋洒次数应不少于3遍。

7）土墙基底处理

土墙经涂刷固化剂后，用毛刷轻轻扫净墙体表面，以手摸无浮土及浮灰为宜。

8）钉麻揪

在墙面按上、下、左、右相距100mm的梅花状钉入160mm×15mm×15mm竹钉，竹钉露出修补处约20mm，后用直径4mm麻绳代替麻秆编网，完成后进行抹灰。其中，竹钉需干燥并经防霉防虫涂料浸泡处理后方可使用。

9）麻刀灰结合层

（1）用抹子在基底上抹一层厚度10mm的麻刀灰（按照质量比麻刀灰浆：麻筋=100：4拌制）。涂抹时，从下至上横向逐行进行涂抹，无须轧光刷浆，涂抹完成后要求墙表面平整洁净。

（2）第一层稍干时再抹一遍，要求表面平整无凹凸不平，并且在自然干燥处阴干后无开裂现象。

10）草泥浆结合层

草泥浆结合层的土木厚度约为20mm，要求用力抹实，抹完后表面应保证平整，并保持其在阴凉干燥处自然风干，且阴干后无开裂现象。

11）麻刀灰罩面

（1）麻刀灰罩面的修补应为矩形，要求横平竖直。

（2）用抹子于打底结合层上涂抹面层麻刀灰（按照麻刀灰浆∶麻筋=100∶3拌制），每遍涂抹厚度约3mm。涂抹时，从下至上横向逐行进行涂抹，一遍抹完后用轧子将墙面轧光，重复上述步骤再行涂抹一遍。其中，要求轧子随擀轧遍数增大逐渐翘起，最后只用前端着力，以确保面层麻刀灰的密实度和强度。工序完成后要求墙表面平整洁净，无开裂。

3.12.4 质量要求

（1）竹材应做好防虫、防霉处理。

（2）草泥浆配制符合设计要求。

（3）麻刀灰浆配制符合设计要求。

（4）各层抹灰与基底必须黏结牢固，无脱层空鼓；面层无爆灰和裂缝，颜色均匀。

（5）麻刀灰面层修补与原墙面颜色一致，表面与原墙面抹灰整体平整，无明显接缝。

（6）草泥浆表面平整无开裂。

（7）麻刀灰面层表面平整、细腻、洁净、无起泡，四周收边符合观感要求。

（8）抹麻刀灰面层的允许偏差和检验方法见表3-4。

3.13 瓦屋面修缮

（1）屋面修缮前，应对屋脊、扎口的外形、图案制式、结构构造损坏情况进行详细检查，并做好相应图片、文字等记录（图3-20）。

（2）拆除屋面时需严格保证屋脊的完整性。

（3）屋脊修缮应以保留原貌为目的，以修缮为主。若损毁过于严重，则需对屋脊修缮方案进行论证，形成相应记录。

图3-20 瓦屋面（摄于小黄楼）

（4）屋面修缮前应对建筑结构进行考察，若结构修缮可能影响屋面修缮，则需对整体修缮方案进行论证，形成相应记录。

（5）屋面修缮完成后应进行淋水试验。如发现漏水立刻整改，避免水对木构、土墙等造成侵蚀。

3.13.1 专业术语

（1）硬山顶：两侧山墙高出屋面（或与屋面平齐）的屋顶，仅有一条正脊。

（2）悬山顶：屋檐悬挑至墙体以外的屋顶，有一条正脊和4条垂脊。

（3）歇山顶：有一条正脊、4条垂脊和4条戗脊的屋面形式。

（4）庑殿顶：有一条正脊和4条戗脊的屋面形式。

（5）攒尖顶：无正脊，由各柱中向中心上方逐渐集中成一尖顶，并有顶饰。

（6）戗脊：与正脊不垂直的斜向的屋脊。

3.13.2 修缮要点

（1）瓦屋面颜色整体均匀程度应符合设计要求。

（2）勾缝黏结牢固，压实抹光，无开裂等缺陷；交接处平顺，宽窄深浅一致，颜色一致。观感质量符合设计要求。

（3）瓦片搭接应符合要求，线条顺直美观。

（4）瓦屋面不得有漏水现象。

3.13.3 修缮技艺

1. 技艺流程

1）硬山顶

原屋面瓦拆除→木结构修缮→基层清理→屋脊修缮→挂瓦修缮→屋面瓦铺设→（扎口修缮）→表面清理。

2）悬山顶、歇山顶、庑殿顶

原屋面瓦拆除→木结构修缮→基层清理→屋脊修缮→屋面瓦铺设→（扎口修缮）→表面清理。

3）攒尖顶

原屋面瓦拆除→木结构修缮→基层清理→宝顶修缮→（屋脊修缮）→屋面瓦铺设→（扎口修缮）→表面清理。

2. 操作技艺

1）原屋面瓦拆除

将屋面瓦小心拆除，尽可能保留原瓦。拆下的瓦片统一堆至一处，对瓦进行筛选和清理，要求瓦片不得有裂缝、空洞和缺棱掉角的缺陷。如有苔藓等植物的，应用除草剂处理后，再观察是否有裂缝孔洞。用毛刷洇水清理瓦片，保证清理后表面无浮灰和浮土。

2）木结构修缮

屋面修缮前，应先完成木结构的修缮并验收完成，详见本书第2章木作相应章节。

3）基层清理

用扫帚将基层清理干净，保证表面无木屑、木刺和浮灰。

4）屋脊修缮

（1）一般修缮面积低于1/2时，采用修补的方式。首先用毛刷洇水对屋脊表面进行清洗，若有植物则须用除草剂将其去除，后将需要修补的空鼓部位进行剔除，用毛刷洇水将基底清理干净无浮灰。

（2）用调制好的灰浆将剔除部位按每层3～7mm分层补平，并将屋脊表面的小坑、裂缝等补平，然后将表面用毛刷洇水清洗干净。要求修缮完成后表面光滑洁净、无植物生长，修缮部位与原屋脊无明显接缝。

（3）存在较高等级屋脊涉及灰塑彩绘部分的修复，详见本书第5章漆作相应章节。

5）挂瓦修缮

（1）与墙体屋面相接处进行屋面试摆，确定挂瓦的位置高度，用墨斗弹出高度控制线。

（2）用灰浆将瓦片沿控制线固定于墙体，瓦片缝隙应控制在4～6mm，要求灰浆饱满。

（3）待干后，对控制线部位及瓦片接缝处进行勾缝处理。要求宽度为20mm、厚度为5mm，表面应均匀平整，勾缝对接平滑。

（4）完成后，应用毛刷洇水将余灰扫净。

6）屋面瓦铺设

用墨斗按照瓦片尺寸弹出底瓦控制线，从正脊至檐口的纵向顺序铺盖一层底瓦。每次铺盖纵向长度约1m后，与底瓦间铺盖面瓦。铺盖面瓦时为保持顺直，应用平尺板作为一边进行控制，完成后以此类推继续往下逐层铺设。铺盖时瓦片应挑选颜色、大小、弧度差距小的旧瓦进行铺设，瓦片搭接面积应与原建筑屋面一致（一般为压六留四）。

7）扎口修缮

（1）按照原屋面扎口制式尺寸进行瓦片堆叠（一般为3层），然后用灰浆进行包封。抹灰浆每遍厚度为7~9mm，要求抹灰层与瓦片之间黏结牢固，无脱层、空鼓，面层无爆灰和裂缝等缺陷。表面应光滑、洁净，轮廓清晰美观，挑檐长度与原屋面保持一致。

（2）部分屋面以瓦当、滴水瓦的形式作为檐口，则无须包封。

8）宝顶修缮

首先对其表面用毛刷洇水进行清洗，若有植物则须用除草剂将其去除，用灰浆将宝顶表面的小坑、裂缝等补平，然后将表面用毛刷洇水清洗干净，要求修缮完成后表面光滑洁净无植物生长。

9）表面清理

拆架前，用清水和扫帚将屋面瓦表面清扫、冲洗干净，保证瓦面表面无其他污渍。

3.13.4 质量要求

（1）屋脊、扎口等细部做法应与原建筑相符。

（2）屋脊灰缝应横平竖直、厚薄均匀。水平灰缝厚度宜为10mm，不应小于8mm，也不应大于12mm。

（3）瓦片质量及搭接方式（如压六留四）质量应符合要求。

3.14 成品保护

（1）斗底砖铺装完成后应进行封闭，确保24小时内不上人。

（2）遇到雨天，应及时覆盖土墙、斗底砖施工范围等表面，禁止雨水冲刷。

（3）土墙应避免暴晒，保持干燥通风适当进行喷雾养护。

（4）墙帽、屋面等成品上不准支搭脚手板。拆除脚手架时，应注意不磕碰成品。

（5）给水管、电源线从墙帽、屋面等成品经过时，应架空管线，必要时应改线。

（6）施工中，应采取措施防止灰浆污染墙体、墙基等成品表面。

（7）雨天施工下班时，应适当覆盖墙体表面，以防雨水冲刷。

（8）拆除脚手架时应避免拆除工作对墙面、屋面等成品造成破坏。

（9）冬期低温下收工时，表面应用草垫、塑料薄膜作适当覆盖保温，防止冻坏墙体。

（10）交叉施工时应对墙面、屋面等成品采取保护措施，防止落物砸坏成品。

3.15　安全环保措施

1. 安全保证措施

（1）现场施工负责人和施工员必须十分重视安全生产，牢固树立"安全促进生产、生产必须安全"的思想，切实做好预防工作。所有施工人员必须经安全培训，并经考核合格后方可上岗作业。

（2）施工员在下达施工计划的同时，应下达具体的安全措施。每天出工前，施工员要针对当天的施工情况，布置施工安全工作，并强调安全注意事项。

（3）落实安全施工责任制度、安全施工教育制度、安全施工交底制度、施工机具设备安全管理制度等规章制度，并落实到岗位、责任到人。

（4）施工期间以高处坠落、物体打击作为安全工作重点，切实做好防护措施。

（5）发现工人违规且屡教不改的，予以辞退。

（6）遵章守纪，杜绝违章指挥和违章作业。现场设立安全措施及有针对性的安全宣传牌、标语和安全警示标志。

（7）进入施工现场必须佩戴安全帽。作业人员衣着应方便灵活活动，禁止穿运动鞋、高跟鞋作业。高空作业人员应系好安全带，禁止酒后操作、吸烟和打架斗殴。

2．环境保护措施

（1）严格按施工组织相关标准规范要求，合理布置工地现场的临时设施，做到材料堆放整齐、标识清楚。施工现场应每日清扫，严禁在施工现场及其周围随地大小便，确保工地文明卫生。

（2）注意施工废水排放，防止造成下水管道堵塞。

（3）定期会同监理、建设单位，对工地卫生材料堆放作业环境进行检查，并整理保存相应评定打分记录。

第4章
石作修缮技艺

本章内容包括三坊七巷中柱础、石板路面、石基础、天井、卵石路面、台明、石栏杆等石作修缮工程。

4.1 修缮准备

4.1.1 技术准备

（1）组织施工班组学习相关施工图、设计说明和相关标准规范，掌握主要施工方法，并进行施工技术、质量和安全交底。施工人员必须经培训合格后方可上岗。

（2）根据施工图纸，完成测量控制点的定位、复测、移交及验收工作。

（3）根据施工图纸和规范要求，完成灰土和砌筑用的灰浆、砂浆拌制。

（4）施工用原材料进场前需验收合格，产品合格证和质量保证书等资料应齐全且符合设计要求，现场组织抽样复核。

（5）按照施工计划，制定材料用量和进场计划，保证施工过程的连续性。

（6）建立自检、交接检和专职人员检查的"三检"制度。

（7）按照施工方案，选择合格的专业施工队伍。施工前应组织施工人员做好施工技术、质量、安全交底，施工人员必须经培训合格后方可上岗。

4.1.2 材料准备

（1）石材的品种、规格、强度等级、颜色均应符合设计要求，应有出厂合格证等质量证明文件。石材主要采用花岗石（664）、福寿氏石（654）、红梨花岗石（663）、青石等。

（2）在福州及其周边地区传统民居建筑中，柱础主要采用石质，以青石（辉绿石）为上，花岗石次之。

（3）柱础加工成品的制式规格和造型图案，必须符合设计要求或福州古建常规做法。

（4）石板材的其品种、规格、颜色均应符合设计要求，应有出厂合格证等质量证明文件。三坊七巷项目石板主要采用花岗石石材和青石板材。石板强度等级应大于MU60，块石强度等级应大于MU30。条石的质量应均匀，形状为矩形六面体，厚度为80～120mm。块石形状一般为直棱柱体，顶面粗琢平整，底面面积不宜小于顶面面积的60%，厚度为100～150mm。

（5）采购的卵石材料产品应有合格证、质量证明文件等。选用卵石的颜色和颗粒粒径应符合设计要求，外观宜整齐，卵石的密度应大于2.66g/cm³，质量应符合设计要求。

（6）水泥：硅酸盐水泥、矿渣硅酸盐水泥或普通硅酸盐水泥，其强度等级不宜低于32.5MPa。

（7）砂：应采用符合设计要求的中砂或粗砂，并应符合国家现行行业标准《普通混凝土用砂、石质量标准及检验方法》JGJ 52的规定。

（8）石灰：生石灰粉的熟化时间不少于7天。

（9）水：宜使用自来水或天然洁净可供饮用的水。当采用其他水源时，水质应符合现行行业标准《混凝土用水标准》JGJ 63的规定。

4.1.3 工具准备

（1）机械：搅拌机、振捣器、斗车、手推车、砂轮机、起重吊装设备等。

（2）工具：小水桶、半截桶、扫帚、平铁锹、铁抹子、大木杠、小木杠、筛子、窗纱筛子、喷壶、锤子、錾子、楔子、扁子、刀子、斧子、橡皮锤、溜子、板块夹具、扁担、钢卷尺、水平靠尺、线坠、墨斗、肩杠、绳索等。

（3）安全器具：手套、眼镜、袜罩、围裙、套裤、消防器材用具、灭火器等。

4.1.4 作业环境

（1）现场勘察工作完毕，符合施工要求，并整理保存完整的相关记录和影像资料。

（2）地下各种管道，如污水、雨水、电缆、煤气等均已施工完毕，并经验收合格。

（3）场地已基本平整，临时水电已完成，障碍物已清除出场，材料加工、堆放区域确定，施工道路畅通平整。

（4）地面标高已放线且已抄平，标高、尺寸已按设计要求确定。

（5）材料的运输存放应注意保护，防止破损污染或受潮。

4.2 柱础和柱顶石

本节修缮工艺包括柱础和柱顶石修缮。柱础的破损突出表现为柱础表面的风化或是因其他物件的撞击磕碰导致的破损和残缺。若破损严重的，则采取替换。

4.2.1 专业术语

（1）柱顶石：是一种中国建筑石制构件，安装在台明上柱子的位置上，其一部分埋于台基之中，一部分出自台明，也叫作古镜。柱顶石顶端上有空，称为海眼，与木柱下端的榫相配合，使柱子得到固定。也有的柱顶石顶端上有落窝，柱子可以安放在石窝内，相当于为柱子安了管脚榫。

（2）柱础：大多为石质，俗称磉盘，福州话为"柱珠"。有别于柱顶石，它是放置在柱下的石制构件，位于柱和台基之间，是衔接两个部分的结点。为使柱脚与地坪隔离，也为扩大柱下承压面承受屋柱压力的奠基石，在传统砖木结构建筑中用以负荷和防潮，对防止建筑物塌陷有着不可替代的作用。随着朝代的变迁和石活制作雕刻工艺的越发精美，在结构上，除了圆柱形和圆鼓形柱础，还有鼓形、瓜形、花瓶形、宫灯形、六锤形、须弥座形等多种式样。大部分柱础都是由顶、肚、腰、脚四部分组成（图4-1、图4-2）。

（3）础顶：柱础顶部与柱子过渡交接、上承荷载的部位。

（4）础肚：占于柱础的上半部，是整个柱础最富趣味的地方，也是柱础主要的雕饰表现之所在。它显现柱础个性，也是划分柱础类别的位置。

（5）础腰：础肚之下做收缩的部位，反衬上段凸出的础肚。

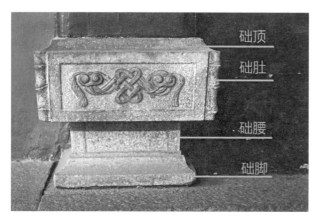

图4-1 柱础结构（摄于林则徐纪念馆）

图4-2 四角柱础（摄于小黄楼）

（6）础脚：柱础最下端与地面接触，并将荷载传往地面的部位。它比础肚窄，比础腰宽，外形通常与上段一致。

4.2.2 修缮要点

（1）根据木柱的直径大小确定柱顶石和柱础的规格尺寸。

（2）柱顶石和柱础的定位必须根据设计图纸准确定位。

（3）柱顶石底部的台基应施工稳定牢靠。

（4）柱础下台基应确保安装质量符合设计要求。

（5）与木柱的连接安装要牢固稳当。

4.2.3 修缮技艺

1．工艺流程

1）柱顶石安装工艺流程

基础处理→弹线定位→柱顶石安装→检查记录→卫生清理。

2）柱础安装工艺流程

施工准备→弹线定位→柱础安装→检查记录→卫生清理。

2．操作工艺

1）柱顶石修缮技艺

（1）基础处理：将柱顶石底部的基础土层夯实夯平，摊铺三合土垫层10~13cm，并将台基位置地面上的灰尘和杂物清理干净，为下一步安装做好准备。

（2）弹线定位：以台基的水平线位置为准，安装柱顶石，并将柱顶石的边缘线标定在台基水平线处。

（3）柱顶石安装：柱顶石的中心即上部木柱的中心。确定好中心位置后，在底座铺撒灰底，随后安装柱顶石，通过调整底部灰底厚度实现柱顶石标高。

（4）检查并做好记录，同时完成场地卫生清理。

2）柱础的修缮技艺

（1）施工准备：根据施工安排，清理施工场地，准备好施工材料和工具。

（2）弹线定位：根据木柱的位置和标高，在台基上确定柱础的安装位置，并弹线放样。

（3）柱础就位：柱础的中心需仔细复核确定。做好十字准线标记，按照十字准线与定位线安装柱础，确保木柱和柱础的中心重合。

（4）稳定石体：用水平靠尺控制柱础水平度，同时用楔形塞尺调整石体水平度，最后稳定石体。

（5）检查并做好记录，同时完成场地卫生清理。

4.2.4 质量要求

（1）制作柱顶石和柱础的石料品种和规格必须符合设计要求。

（2）柱顶石和柱础应安装牢固平稳，严禁出现偏位和高低不平现象。

（3）柱顶石和柱础的加工处理应符合设计图纸要求，现场观察无磕碰破损现象（图4-3~图4-5）。

4.3 石板路面

本节修缮工艺适用于石板路面修缮。石板路面会因重载车辆或集中荷载等因素导致石

图4-3 大厅内的圆形柱础（摄于黄巷）

图4-4 走廊的四角柱础（摄于黄巷）

图4-5 台阶上的圆形柱础（摄于黄巷）

图4-6 三坊七巷主干道的条石路面　　图4-7 三坊七巷支巷的条石路面

板松动、断裂、沉降和表面磨损等损坏现象，修缮方法一般为石板的重新铺设和替换。

4.3.1 专业术语

石板路面：指用天然花岗石、大理石或人造花岗石、大理石等石板材贴路面（图4-6、图4-7）。

4.3.2 修缮要点

（1）施工前对条石进行整理，按设计要求以宽度为标准分类堆放，并按顺序编号。

（2）根据设计图纸，确定条石板铺设方向，并弹线放样确定石板位置，注意与墙柱交接的位置要适当留缝。

（3）砂浆的配合比必须严格按照设计要求拌制均匀。

（4）结合层和石板材应连续施工，尽快完成。冬季应有保温防冻措施，防止受冻。

（5）底层必须清理干净，并浸水润透，避免面层与下一层的黏结力不够而造成空鼓。

（6）养护必须及时，避免因水泥收缩过大造成空鼓。

（7）对需要刷防护剂的石材，应在石材铺贴前进行五面防护处理。

（8）夏季施工，面层应注意浇水养护。

4.3.3 修缮技艺

1．工艺流程

清扫整理→基层弹线→找平→铺设结合层→铺设石板→清洁养护交工。

2．操作工艺

（1）基层处理：基层处理要清扫干净，不能有砂浆，尤其是白灰砂浆灰、油渍等。高低不平处应先凿平和修补，并用水湿润地面。

（2）基层弹线：石板铺设部位应弹线标记。作为检查和控制条石板的位置，可以在混凝土垫层上标记，并引至墙面底部。同时，根据墙面+500mm线，找出面层标高，在墙上弹好水平线。

（3）找平及铺设结合层：铺设前应提前10小时浇水将基底润湿，并在基底上刷一道素水泥浆或界面结合剂，随刷随铺设搅拌均匀的干硬性水泥砂浆。干硬性水泥砂浆的配合比为1∶3～1∶4（体积比），其干湿度以手握成团，落地开花为宜。摊铺干硬性水泥砂浆结合层时，摊铺长度应在1m以上，宽度宜超出石板20～30mm，摊铺厚度为20～40mm。虚铺的砂浆厚度应高出地面标高线约7～10mm，砂浆应从中间往两侧铺抹，然后用抹子均匀拍实。

（4）试铺：条石板应先进行试铺。对齐墨斗线，用橡皮锤敲击木垫板，振实砂浆至铺设高度后将石材掀起移置一旁，检查砂浆上表面与板材之间是否吻合，如发现有空虚之处，应用砂浆填补，然后正式铺设。

（5）正式铺设：正式铺设时，先在水泥砂浆找平层上浇素水泥浆结合层（水灰比为0.5），再铺石材板块。安放时要求四角同时往下落，用橡皮锤轻击木垫板，根据水平线用水平尺找平。石板安置完毕后，应按线找平、找正、垫稳。发现不水平时，宜用垫石调整。

（6）铺设后要及时灌缝，灌缝材料应符合设计要求。填实灌满后将面层清理干净，待结合层达到强度方可进行后续施工，同时应确保相邻板块之间的铺设密实度一致。

（7）养护：安装48小时后需洒水养护。

4.3.4 质量要求

（1）铺设所用大理石、花岗石板材应符合设计要求。

（2）铺设所用大理石、花岗石板材进场时，应有放射性检测合格的检测报告。

（3）石板材与结合层应结合牢固，无空鼓现象。

（4）石板材铺设前，板块的背面和侧面应进行防碱处理。

（5）石板材铺设前，板材表面应清洁、平整，且纹路清晰、色泽一致、周边顺直，板块无裂缝、缺棱掉脚等缺陷。

（6）石板材铺设的坡度应符合设计要求，不倒泛水，无积水。

（7）石板材铺设应组砌合理、无十字缝，铺设方向应符合设计要求。块石面层的缝隙应相互错开，通缝不应超过2块石板（图4-8、图4-9）。

图4-8 条石路面修复（摄于南后街）　图4-9 条石路面修复（摄于南后街）

4.4 石基础

本节修缮工艺适用于石基础修缮。石基础会因沉降或人为破坏导致基础破损、表面风化，其修缮方法为局部破损修复。若整体破损严重，则重新砌筑。

4.4.1 专业术语

（1）石基础：指利用石材砌筑形成建筑物基础。它具有不易风化、不怕水浸，同时具备抗压耐腐蚀、不易磨损变形的特点。

（2）基础：一般分为地下基础（底基）和地面基础（面基）两个部分（图4-10～图4-13）。

（3）基础砌筑方式：分为浆砌和干砌。浆砌具有基础稳定、石垫层

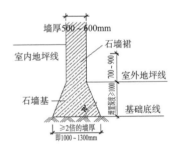

图4-10 基础示意图1

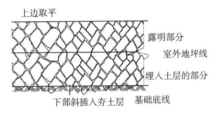

图4-11 基础示意图2
（图片来源：福州市历史文化名城管理委员会《福州市历史建筑保护修缮改造施工技术导则》第45页）

图4-12 条石基础（摄于南后街）

图4-13 块石基础（摄于澳门路）

不易滑动、防水渗透、拉力连接等优点；而干砌具有基础稳定、外观统一、室内通风防湿等优点。

（4）灰土垫层：用熟化石灰和黏土（或粉质黏土）、粉土的拌合料铺设。

4.4.2　修缮要点

（1）生石灰粉的熟化时间不少于7天。

（2）石材表面应将污泥等杂质清除干净，不得有裂缝、污点、红白线等缺陷。

（3）石材（花岗石）的密度大致在2.79~3.07g/cm³之间。

（4）根据设计图纸，基础放样弹线时应预留门洞位置。

（5）灰土垫层施工时，必须夯实到位，应做好防水浸泡措施。

（6）灰土垫层必须夯实到位，不得受水浸泡。

（7）底基砌筑完成后，应拉线复核，并标记准线用于砌筑面基直墙。

4.4.3　修缮技艺

1．工艺流程

1）灰土垫层

施工准备→基槽清理→灰土拌制→灰土铺设→分层夯实→修整找平→养护交工。

2）基础砌筑

施工准备→垫层完成→基础砌筑→基础勾缝→养护交工。

2．操作工艺

1）灰土垫层

（1）采用就地挖出的原土，不得含有有机杂质。采用颗粒粒径不大于5mm的生石灰。

（2）对基坑进行平整压实，清理干净。

（3）灰土按照配合比3：7拌制均匀。

（4）灰土分层铺设，虚铺厚度约为300mm，夯实后约为200mm。

（5）夯实度检测：用长1.5m、直径25mm的钢筋，从600mm高自由下落，钢筋插入灰土垫层深度不得超过10mm。每50~100m²抽查3处，其夯实度均应检验合格。

（6）灰土垫层施工后，必须做好洒水养护工作。同时，用塑料薄膜覆盖以保持表面湿润，养护时间约为7天，养护期间垫层严禁上人或堆放重物。

2）基础砌筑

（1）选用符合设计要求的石条或者石块进行砌筑。地下基础第一层的最小宽度一般是地面基础宽的2倍。例如：墙基底宽4.4尺（147cm），那么墙基顶部宽应为2.2尺（73cm）。如若墙基顶部宽超过2尺（67cm），则墙基底宽则为墙基顶部宽增加2.4尺（80cm）。

（2）砌筑时应双面挂线，分皮砌筑，每皮高度约300~400mm。

（3）石材砌筑应上下错缝，内外搭砌。

（4）用壳灰和砂按3：1配比拌制均匀作为基础勾缝材料。勾缝工具采用排笔削薄制成，规格根据缝宽选择，一般在8mm左右。

（5）大型条石砌筑法：预先采用头石砌筑底层，保证地层水平后再行砌筑大型条石。根据条石规格确定砌筑层数，一般只砌1~2层。砌筑大型条石时，首先应处理好座地，保证座地垂直后在座地下用砂灰浆灌饱。前后应对砌水平，中间保持空洞，左右采用方块石堵住，保证石基础前后拉力一致。最后采用基础宽条石压面，起到上下拉力作用。

（6）小型条石砌筑法：水平叠砌、侧砌，前后长度保持一致，头尾拉丁。形状如同四指，中间空洞处需填灰泥。砌法要稳定，不可重缝。

（7）短方块石砌筑法：奇数块采用45°斜砌，偶数块则采用反向45°斜躺砌筑，最终形成人字形墙面。

（8）长四方角石砌筑法：一横一丁上下对缝，丁头需按照墙基宽度确定。砌横块石时，应内外同长，为拉丁做好基础。

（9）乱毛石砌筑法：每块石底座按照其形状与角度嵌入，左右塞紧。

4.4.4 质量要求

（1）石材的弯曲强度不应小于0.8MPa，吸水率应小于0.8%。

（2）石材表面和板缝处理应符合设计要求。

（3）灰土配合比应符合设计要求。

（4）水泥砂浆配合比应符合设计要求，强度等级不得低于M10。

（5）石材表面清洗洁净，无污染、缺损和裂痕等缺陷；颜色和花纹应协调一致，无明显色差，无明显修痕。

（6）熟化石灰颗粒粒径不应大于5mm；黏土（或粉质黏土、粉土）内不得含有有机物质，颗粒粒径不应大于16mm。

4.5 天井石铺

本节修缮工艺适用于天井石修缮。天井石的破损有石材的翘角、沉降、表面磨损等情况，修缮方法为局部破损替换修复。

4.5.1 专业术语

（1）天井：指未被遮挡、能直接看到天空的空间，主要起到采光、通风、排水等作用。

（2）抱杆起重法：将3根杉木用绳捆紧，在杉木顶端拴一滑轮（头尾各一），把一端吊在石上，另一端与纹磨相连。施工时每边各3人，中间两人扶起并按石位放下，用铁锹整好。

4.5.2 修缮要点

（1）垫层土面软硬度应均匀一致，以免石板受压不均匀产生断裂现象。

（2）石材铺设前应将垫层面处理至与石底形态相似，方可开始石材的铺设。

（3）石材铺放后应按石材形状底面模型，前沿靠紧。

（4）先铺左右两旁路牙，水平面应超过外路面以免蓄水。

（5）条石的材质和尺寸均应符合设计要求。

（6）条石表面色泽一致，无明显的磕伤碎裂。

（7）勾缝黏结牢固，压实抹光，无开裂等缺陷；交接处平顺，宽窄深浅一致。

（8）铺贴时相邻石板尺寸存在微小误差时，应进行磨边处理，确保铺贴美观。

（9）基层、垫层、铺贴面层的标高及质量均应满足设计要求。

4.5.3 修缮技艺

1．工艺流程

施工准备→垫层施工→条石铺设→清洁养护（图4-14～图4-16）。

图4-14 天井石铺（摄于安民巷）

图4-15 天井石铺（摄于谢家祠）

图4-16 天井石铺（摄于冰心故居）

2. 操作工艺

（1）施工准备：在天井四周墙上先弹墨斗线（称为水平线），确定垫层的完成标高，同时将条石按要求准备就绪。

（2）垫层施工：根据水平线位置，确定垫层厚度，即为扣除条石厚度的余下尺寸。垫层铺黏土，或底下铺一层碎石/乱毛石后，用灰土灌满铺实，用木头整平。垫层土面应软硬适均，以免石板受压不均匀产生断裂现象。

（3）条石铺设：用抱杆起重的铺法安装条石。先铺左右两旁路牙（直石条），水平面必须超过外路面以免蓄水有利排水，再铺设前后台阶条石，最后铺中心横石（甬路—天井石）。条石的顺丁方向应搭接平顺，并注意天井中心线处条石不可出现拼接缝。

（4）清洁养护：用扫帚清理条石表面灰土，并用毛刷洇水刷至洁净，以表面无灰浆和其他污渍为宜。铺设完毕后封闭7天。

4.5.4 质量要求

（1）铺设所用条石应符合设计要求。

（2）铺设所用条石进场时，应有放射性限量合格的检测报告。

（3）条石与结合层应结合牢固，无空鼓现象。

（4）天井石路面铺设后应按条石形状底面模型，前沿靠紧。路缘石水平面一定要超过外路面。

（5）条石的尺寸大小、色泽应保持一致；表面平整，无明显的磕伤碎裂，纹路通顺基本一致。

（6）铺设完成后，表面应平整、洁净，周边顺直方正，擦缝饱满齐平、洁净美观。

4.6 卵石路修缮

本节修缮工艺适用于卵石路面修缮，卵石路面的损坏表现在路面卵石的破损残缺，修缮方法为替换修复。

4.6.1 专业术语

（1）卵石路面：指用鹅卵石作为铺设面层的道路（图4-17）。

（2）卵石：指自然形成的岩石颗粒，风化岩石经水流长期搬运而成的、粒径为60～200mm的无棱角的天然粒料。它分为河卵石、海卵石和山卵石。卵石的形状多为圆形，表面光滑。

图4-17 卵石路面（摄于林则徐纪念馆）

4.6.2 修缮要点

（1）卵石色泽和大小规格等必须符合设计要求，应有相应的质量合格证明资料。

（2）混凝土垫层的施工应摊铺均匀，严禁出现高低坡度。

（3）卵石应均匀铺设，不得出现通缝或者空隙较大的现象。

（4）铺设过程应保证边角搭接顺滑，保证收边处理的质量。

4.6.3 修缮技艺

1．工艺流程

基层处理→垫层弹线→预铺→卵石铺设→勾缝处理→表面清洁→成品保护。

2．操作工艺

（1）基层处理：施工前应将基层地面的尘土、杂物彻底清扫干净，保证地面无空鼓、开裂及起砂等现象，保持地面干净且具备设计要求的强度，并能满足施工结合层厚度的要求。在正式施工前用少许清水湿润地面。

（2）弹线：基层清理后，摊铺80mm厚的C20混凝土垫层，待垫层稳定后，按要求弹出标高控制线，进行标高控制，在地面弹出控制线，并根据卵石分格在地面弹出分格线。

（3）预铺：根据设计要求，对卵石的颜色、几何尺寸、表面平整等进行严格的挑选，随后按照图纸预铺。对于预铺中可能出现的误差进行调整、交换，直至达到最佳效果。

（4）铺贴：镶贴应采用1∶3干硬性砂浆经充分搅拌均匀后进行施工。先在清理好的地面上，刷一道素水泥浆，把已拌制均匀的干硬性砂浆铺设于地面，用灰板拍实，应注意砂浆铺设厚度应超过卵石高度2/3以上且不超过30mm。卵石按照要求摆设在干硬性砂浆上，用橡皮锤砸实，根据装饰标高，调整干硬性砂浆厚度。铺设时应从中间向四周铺贴。

（5）匀缝：铺设完毕24小时后进行勾缝。

（6）清理：勾完缝后，待水泥浆凝固时采用棉纱等物对卵石表面进行清理（一般宜在12小时之后）。

4.6.4　质量要求

（1）铺设所用卵石应符合设计要求。

（2）立铺的卵石，尖锐面不得朝上，缝隙宽度和深度应保持均匀一致，相邻的缝隙控制在5mm以内，严禁出现通缝。

（3）卵石应粘贴牢靠，不得有松动，还应有2/3包裹在水泥中。

（4）卵石的大小、颜色应保持一致，且无裂痕。卵石花纹通顺且基本一致，多色卵石花色间隔应均匀。

（5）卵石路的表面应平整、洁净，无磨划痕，周边顺直方正，擦缝饱满齐平，洁净美观。

4.7　台明修缮

本节修缮工艺适用于台明修缮。台明构件因风吹雨打和年久失修，导致风化严重、断裂、脱落、丢失等情况，其修缮方法一般为石构件的归安和整体修复。

4.7.1 专业术语

（1）台明：指建筑室外地坪以上、柱底以下的露明部分，其形式上有普通的平台式和须座两大类（图4-18、图4-19）。

图4-18 台明（摄于澳门路）

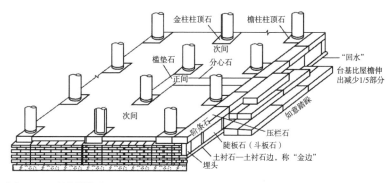

图4-19 一般台明构造
（图片来源：https://www.sohu.com/a/473039110_121124384）

（2）台明整修：可分为石活归安和拆砌台明。其中，局部石活的整修复位也称为石活归安；整个台明的拆修称为拆砌台明。

4.7.2　修缮要点

（1）添配的石材品种规格和尺寸大小等技术性能必须符合设计要求，应有试验资料。对于现场切割的石构件，加工前应对石材的节理进行检查，同时应沿顺节理方向裁切，以降低构件沿节理方向断裂风险。

（2）在整修之前，应先检查柱顶石和柱根是否牢固。经检查或加固确认牢稳后，再拆除阶条石或陡板。

（3）如果两端的角柱发现损坏或偏移，应先行更换或归位。

（4）灰土垫层应铺设均匀，防止石材铺设后出现沉降和断裂。

4.7.3　修缮技艺

1．工艺流程

1）石活归安

石构件拆除→检查后直接归位→灌浆处理→打点勾缝→清洁养护。

2）拆砌台明

台明拆除→石构件检查→石构件安装→灌浆处理→打点勾缝→清洁养护。

2．操作工艺

1）石活归安

（1）以角柱外皮为标准拴一横线，即"卧线"。

（2）做好安全工作后，拆除角柱、阶条石、陡板、踏跺等需归位的石构件。

（3）以卧线为准找正立直，使石构件归位安装。阶条石里口下采用麻刀灰锁浆口。

（4）石构件归位后，打点勾缝，防止冻融破坏和石构件的移位。打点勾缝前应将松动的灰皮铲净、浮土扫净，必要时可用水涮湿。勾缝时应将灰缝塞实塞严，不可造成内部空虚。灰缝一般应与石构件勾平，最后也应打水槎字，并扫净。

（5）灌浆处理。用三七灰土混合砂浆灌注，分若干次灌浆，每次不宜太稠。

（6）用干灰砂填缝，并用扫帚将缝扫严。

2）拆砌台明

（1）确认是否需要整个台明拆除，做好影像记录。

（2）做好安全工作后，拆除台明，并将各个石构件做好编号标识，堆放到指定区域。检查可用于台明的安装是否归位，并做好记录。对于破损严重的石构件，进行添配。

（3）施工灰土完毕后，摆放土衬石，要求土衬高出地坪。随后根据建筑原有制式和情况，将石构件归位安装。陡板安装应从台基四角开始，先安置角柱石，再沿墙面顶线顺铺。

（4）石块与墙面连接处应符合结构设计的做法。安装时采取保护措施，以防石料因淄浆挤压而发生滑动。

（5）灌浆应分3次注入，且在前次浆凝固之后再行灌浆。

（6）在石料体积较大或较重，以致人工搬动不便时，应采用辅助设备定位吊装。当石料就位时，在下方先垫方木，迎面固定防护栏，以防石料滑倒。稳妥后撤绳，缓缓下落，准确入位。

（7）台基陡板安装每日进度不得超过一层。当高度超过1m时，应搭设辅助脚手架。

（8）陡板安装完毕，再安装阶条石。阶条石安装顺序为转角处、正中部位、山墙面处以及其他部位。

（9）安装的陡板、阶条石缝隙应符合设计要求，整体平顺，缝宽一致。

（10）石构件安装到位后，打点勾缝，防止冻融破坏和石构件移位。打点勾缝前应将松动的灰皮铲净、浮土扫净，必要时可用水洇湿。勾缝时应将灰缝塞实塞严，不可造成内部空虚。灰缝一般应与石构件勾平，最后应打水楂字且扫净。

（11）灌浆处理：采用三七灰土混合砂浆灌注，分若干次灌浆，每次不宜太稠。

（12）用干灰砂填缝并用扫帚守缝扫严。

4.7.4　质量要求

（1）石材的强度、吸水率均应符合设计要求。

（2）灰浆体积比应符合设计要求。

（3）石构件安装牢固平稳，表面无残留灰浆和污渍；安装位置正确，整体顺直。

（4）安装后的灰缝应顺直，宽度均匀；勾缝处理整齐、严实。

（5）石构件的安装偏差应控制在允许范围内，符合表4-1规定。

石构件安装允许偏差项目和检验方法表　　表4-1

序号	项目	允许偏差（mm）	检验方法
1	截头方正	±2	用方尺套方（异形角度用活尺）；用尺量端头偏差
2	柱顶石水平程度	±2	用水平尺和楔形塞尺检查
3	柱顶石标高	±5（负值不允许）	用水准仪复查或检查施工记录
4	台基标高	±8	
5	轴线位移（不包括掰升尺寸造成的偏差）	±3	与面阔、进深相比，用尺量或经纬仪检查
6	台阶、阶条、地面等大面平整度	±5	拉3m线；不足3m拉通线，用尺量检查
7	外棱直顺	±2	
8	相邻石高低差	±2	平尺贴于高出的石料表面，用楔形塞尺检查像邻处
9	相邻石出进错缝	±2	
10	石活与墙身出进错缝（只检查应在同一平面者）	±2	

4.8　石栏杆修缮

本节修缮工艺适用于石栏杆修缮。石栏杆的破损表现有石构件的断裂、倾斜、表面风化等，修缮方法一般为石构件的归安和整体修复。

4.8.1 专业术语

石栏杆：指由石构件拼接安装的栏杆。不论是亭台楼阁、轩榭小楼，还是步道小桥，到处都有石栏杆的身影（图4-20、图4-21）。

图4-20 石栏杆1（摄于澳门路）

图4-21 石栏杆2（摄于小黄楼）

4.8.2 修缮要点

（1）石构件的座浆要稳，构件之间的榫卯应安装牢靠。

（2）石构件上的编号标记应清晰。若编号不齐全、不明显，应加以补编，以免错用。

（3）石栏杆构件性能应满足设计要求，防止材料出现强度不达标的质量问题。

（4）基层应铺设均匀，确保地栿石安装稳当，不会出现高低不平的现象。

（5）石纹的走向应符合构件的受力要求，即地栿石应为水平走向；柱子、角柱等应为垂直走向。

4.8.3 修缮技艺

1．工艺流程

施工准备→制备水泥砂浆→座浆→地栿石铺设→安装望柱、栏板→勾缝→清洁→成品保护。

2．操作工艺

1）石栏杆的地栿石铺设

（1）铺设地栿石前，拉通线确定中心线及边线，并弹出墨线。

（2）然后座浆。先在基槽底摊铺水泥砂浆，按线用撬棍将地栿石点撬找平、找正、垫稳，再用大麻刀灰勾缝。

（3）按线稳好地栿，检查地栿上望柱和栏板的位置是否正确。

（4）最后将石面冲刷打扫干净。

2）安装望柱

（1）拉线。在柱座面上弹出柱身边线，在柱座侧面弹出柱身中心线，安装时底部柱顶石上的十字线应与柱中线重合。

（2）将望柱榫头和地栿石的榫槽、榫窝清理干净。在榫窝上抹一层厚约10mm、水灰比为0.5的素水泥砂浆，再将望柱对准中心线砌上。如有竖向偏斜，可用铁片在灰缝边缘内垫平。

（3）安装石柱。安装时应随时用线坠检查整个柱身的垂直度，如有偏斜应拆除重砌，不得用敲击等方法纠正。

3）栏板安装

（1）首先，拉通线，按线安装。栏板安装前应在望柱和地栿石上弹出构件中心线及两侧边线，校核标高；其次，按预先绘制的栏板排列图进行安装。

（2）座浆。栏板安装前将柱子和地栿上的榫槽、榫窝清理干净，刷一层水灰比为0.5的素水泥浆，随即安装，以保证栏板与望柱之间不留缝隙。

（3）栏板搬运就位，栏杆石构件榫、窝、槽清洗干净。

（4）当栏板就位后，复核栏板中心位置是否与控制线一致。若有偏差，应点撬归位。

（5）对石构件的缝隙处进行勾缝。若石料间的缝隙较大，可在接缝处勾抹大理石胶。大理石胶的颜色应根据石材的颜色进行调整，采用白水泥进行勾缝可达到最佳效果。若缝隙较小，应勾抹油灰或石膏。灰缝应与石构件勾平，不得勾成凹缝。灰缝应直顺、严实、光洁。

（6）安装完毕后，局部如有凸起不平，可进行凿打或剁斧，将石面"洗"平。

4）其他细部处理

（1）沉降缝（伸缩缝）的施工。按设计要求的间距将栏板及地栿石断开，沉降缝（伸缩缝）两端均应设望柱，缝宽按设计要求留设（如设计无要求，按间隔50m留设，缝宽为30mm）。

（2）楼梯段、转角及弧形部位由于异型构件较多，应严格按图纸要求放样下料，并在石构件的背侧编号标记，以确保安装时对号入座。

5）勾缝处理

石构件安装完毕后应勾缝处理，防止构件发生移位，保证石栏杆表面的平整美观。

4.8.4　质量要求

（1）石栏杆构件的品种、加工质量、石材强度、规格尺寸均应符合设计要求。

（2）石栏杆构件应线条流畅清晰，造型准确，边角整齐圆满。

（3）砂浆和灰浆体积比应符合设计要求。

（4）石构件安装牢固平稳，安装位置正确，整体质量符合《古建筑修建工程质量检验评定标准（南方地区）》CJJ 70的相关要求。

（5）石栏杆构件安装的图案和形式应符合设计要求，外观色泽均匀一致，无杂色和污点。

（6）安装的灰缝应顺直、宽度均匀，勾缝处理整齐、严实。

（7）地栿石、望柱、栏板等节点的榫卯做法和安装位置应准确无误、大小合适，节点严密平整，灌浆饱满，安装坚实牢固。

（8）石栏杆构件安装的允许偏差控制在允许范围内，按表4-2执行。

石栏杆安装的允许偏差和检验方法   表4-2

名称	项目	允许偏差（mm）		检验方法
		粗料石	细料石	
望柱	弯曲度	±3	±2	拉线和尺量检查
	平整度	±5	±4	用2m直尺和楔形塞尺检查
	扭曲度	±3	±5	拉线和尺量检查
	标高误差	±10	±5	用水准仪和尺量检查
	垂直度	4	2	吊线和尺量检查
栏板石	轴线位移	2	2	尺量检查
	榫卯接缝	3	1	尺量检查
	垂直度	2	1	吊线和尺量检查
	相邻两块的高差	2	1	用2m直尺和楔形塞尺检查
花纹曲线	圆弧拼接吻合度	1	0.5	用样板和尺量检查

4.9 石作修缮

本节修缮工艺适用于石作修缮，针对各种石作的破损类型情况，分别采取不同的修缮方法进行修复。

4.9.1 专业术语

（1）石构件的保养维护，指针对石构件的轻微损害所做的日常性、季节性的养护，有打点勾缝、石构件归安等。

（2）石构件的修缮，指为保护石构件本体所必需的结构加固处理和维修，包括结合结构加固而进行的局部修复工程。

4.9.2 修缮要点

（1）用于石构件修复的材质品种、加工质量、石材强度、规格尺寸等技术性能必须符合设计要求，应有相关的质量证明资料。

（2）石构件的破损情况应分析清楚，破损部位应清晰可见。

（3）石构件上的编号标记应清晰。若编号不齐全、不明显的，应加以补编，以免安装错误。

（4）用于石构件修复的石材强度等级应满足设计要求，防止材料出现强度不达标的现象，影响修复工作。

（5）用于石构件修复的石材的纹路走向应符合构件的受力要求，如地栿石应为水平走向，柱子、角柱等应为垂直走向。

4.9.3 修缮技艺

1. 打点勾缝

打点勾缝多用于台明石构件。当台明石构件的灰缝酥碱脱落或其他原因造成头缝空虚时，石构件很容易产生移位。打点勾缝是防止冻融破坏和石构件继续移位的有效措施。当石构件移位不严重时，可直接进行勾缝，勾缝用"油灰勾抹"。如果石构件移位较严重，打点勾缝可在归安和灌浆加固后进行。小式建筑和青砂石多以大麻刀月白灰勾抹，叫作"水灰勾抹"；而青白石、汉白玉等宫殿建筑的石构件则多用"油灰勾抹"做法。

1）工艺流程

清理石构件的缝隙→稳定相邻石构件→缝隙勾缝→面层清理→养护交工。

2）操作工艺

（1）打点勾缝前应将松动的灰皮铲净、浮土扫净，必要时可用水洇湿。

（2）用碎石块将有松动的石构件固定，防止滑动，以便下一步勾缝。

（3）勾缝时应将灰缝塞实塞严，不可造成内部空虚。用油灰重新勾抿严实，材料质量比为白灰∶生桐油∶麻刀=100∶20∶8；虎皮石墙多用青白麻刀灰，材料质量比为白灰∶青灰∶麻刀=100∶8∶8；临水石墙（如水池等）勾缝用1∶2白灰砂浆，内掺糯江米汁。现在维修时常以1∶1～1∶3水泥砂浆代替古代的油灰。汉白玉或艾叶青石等勾缝，一般用白水泥或加适当的色料，以求与原石料色泽协调。

（4）灰缝一般与石构件勾平，最后也要打水槎字并应扫净。

2．改制

石构件改制包括原有构件的改制和对旧料的改制加工，既可以作为整修措施，也可以作为利用旧料进行添配的方法。

1）工艺流程

截头→夹肋→打大底→劈缝。

2）操作工艺

（1）截头：当石构件的头缝磨损较多，或所利用的旧料规格较长时均可进行截头处理。

（2）夹肋：当石构件的两肋磨损较多，或所利用的旧料规格较长时均可进行夹肋处理。经夹肋和截头的石料，表面一般应进行剁斧见新。

（3）打大底：打大底即"去薄厚"。当所利用的旧石料较厚时，可按建筑上的构件规格"去薄厚"。由于一般应在底面进行，因此叫"打大底"。如石料表面不太完好，可在打大底之前先在表面剁斧（或刷道、磨光等）。

（4）劈缝：当被利用的旧料规格、形状与要求相差较大时，往往需要将石料劈开，然后再进一步加工。

3．石构件的修缮

当阶条石的棱角不太完整，同时存在位移现象时，就可以将阶条全部拆下来进行添配。添配的石构件应注意与原有石构件的材质、规格、做法等保持一致。

1）工艺流程

石构件拆除→检查并记录破损情况→支顶加固→剁斧改制→修补、补配→黏结→灌注加固→表面见新→照色做旧→归安→打点勾缝。

2）操作工艺

（1）石构件拆除，各个石构件做好编号标识，检查是否破损，并分类归堆码放在制定区域。

（2）支顶加固一般作为临时性的应急措施，适用于石砌体的倾斜、石券的开裂等。支顶加固既可以使用木料，也可以砌砖垛。

（3）对石构件进行重新夹肋截头，表面剁斧见新，这大多用于阶条、踏跺等表面易磨损的石构件。其表面处理的手法应与原有石构件的做法相同，如原有石构件为剁斧做法，就应采用剁斧做法。重新剁斧（或刷道、磨光等）不但是一种使石构件见新的方法，也是石构件表面找平的措施。因此，表面比较平整的石构件一般不必要重新剁斧。

（4）修补、补配。

修补与补配的方法有两种：一类是剔凿挖补；一类是补抹。

剔凿挖补：将缺损或风化的部分用錾子剔凿成易于补配的形状，然后按照补配的部位选好荒料。后口形状要与剔出的缺口形状吻合，露明的表面要按原样凿出糙样，安装牢固后再进一步"出细"。新旧槎接缝处要清洗干净，然后黏结牢固，面积较大的可在隐藏处荫入扒锔等铁活。缝隙处可用石粉拌合胶黏剂堵严，最后打点修理。

补抹：将缺损的部位清理干净，然后堆抹上具有黏结力并具有石料质感的材料，干硬后再用錾子按原样凿出，用白蜡、黄蜡、芸香、木炭、石面几种材料拌合后，经加温熔化后即可使用。石面应选用与原石料材质相同的材料，补抹材料还可以用现代材料。如用水泥拌合石渣和石面，可掺入适量胶黏剂。又如，可用胶黏剂（如环氧树脂等）直接拌合石粉或石渣，选择材料时应注意对原有石料的模仿，如汉白玉的补抹材料应使用白水泥；再如，石渣、石面的颜色、质感要与原有石料相近；又如，大理石的补抹材料要使用白水泥、石英粉和颜料。

（5）黏结。石构件断裂时候，可通过特制的材料修复黏结。

传统黏结材料"焊药"配方为每平方寸用白蜡一钱五分、黄蜡五分、芸香五分、木炭一两五钱、石面二两八钱八分掺合，加热熔化涂在断裂石构件的两面，趁热黏合压紧（胶黏剂预先清理干净）。此外，还可用黄腊：松香：白矾=1.5：1：1（质量比）、紫胶（刀土片）掺石粉加热后进行黏结。民间俗语说"漆粘石头、鳔粘木"，说明生漆胶黏剂是一种简易的传统方法。所用材料质量比为生漆：土籽面=100：7。黏结时，将断裂石料两面清理干净后，涂刷生漆对缝黏结。因大漆需要一定温度和湿度才能干燥（一般要求最低温度应在20～25℃，相对湿度不低于70%）。由于条件比较适合南方，补后表面留5mm空隙，再用乳胶式白水泥掺原色石粉抹平整，与周围色泽协调一致。

漆片黏结：将石料的黏结面清理干净，然后将黏结面烤热，趁热将漆片撒在上面，将漆片熔化后即能黏结。

使用上述方法黏结后，用石粉拌合防水性能较好的胶黏剂将接缝处堵严，并用錾子修平。这样既能使黏结部位少留痕迹，又可以保护内部的胶黏剂不受雨水侵蚀。但是上述几种方法共同缺点是，黏结后的石缝颜色较深，影响参观效果，故一般在黏结时，距离表面应留有5～10mm的空隙。待主体黏牢后，再用乳胶或白水泥掺原色石粉抹齐整，与周围色泽协调一致。传统黏结方法只适用于小面积的黏结，较大的石料还应同时使用铁活加固或使用现代胶黏剂。

铁活加固的方法有：

a．在隐蔽位置凿锔眼，下扒锔，然后灌浆固定。

b．在隐蔽的位置凿银锭槽，下铁银锭，然后灌浆固定。

c．在中心位置钻孔，穿入铁芯，然后灌浆固定。

现代黏结材料一般有：素水泥浆，适用于小块石构件的黏结；高分子化工材料，其种类很多，发展也很快，目前以实用环氧树脂胶黏剂较普遍。两种常用方法如下：环氧树脂（6101）：乙二胺=100：6～8（质量比）；环氧树脂（6101）：二乙烯三胺：二甲苯=100：10：10（质量比）。高分子化工材料的黏结力很强，适用于黏结大块石料，但各种胶黏剂的特性差异很大，因此在必要时可征求化工专家的意见，以获得最新的科学配方。

（6）当砌体开裂、局部构件脱落时，可以采用灌浆的办法进行加固。

传统做法：传统灌浆所用材料多为桃花浆或生石灰浆，必要时可添加其他材料。

现代做法：施工中常用白灰砂浆、混合砂浆、水泥砂浆或素水砂浆灌浆。如需加强灰浆的黏结力，可在浆中加入水溶性的高分子材料。缝隙内部容量不大而强度要求较高者（如券体开裂），可直接使用高强度的化工材料，如环氧树脂等。为保证灌注饱满，可用高压注入。

对于石料表面的微小裂纹，可滴入502胶水或其他胶水等进行固接封护，以防止水汽渗入，减少冻融破坏。

（7）表面较为平整且要求干净的石构件，需对面层做表面见新处理。

刷洗见新：以清水和钢刷子对石构件表面刷洗。这种方法既适用于雕刻面，也适用于素面。

挠洗见新：以铁挠子将表面挠净，并扫净或用水冲净。这种方法适用于雕刻面，如带雕刻的券脸等。

其他方法刷洗：有采用高压喷砂等方法对石构件表面进行清洗的，效果不错。使用其他方法时应慎用硝碱类溶液刷洗石构件，尤其是文物建筑，更应尽量避免。不得不用时，最后必须用清水冲净。

刷浆见新：用生石灰水涂刷石构件表面，可使石料表面变白。但这种方法只能作为一种临时措施，且不适于雕刻面的见新。

花活剔凿：石雕花纹风化不清时，可重新落墨、剔凿、出细、恢复原样。

（8）经补配、添配的新石料常与原有旧石料有新旧之差，故可采取原有旧色做旧的办法，使人看不出新修的痕迹。做旧的方法是：将高锰酸钾溶液涂在新补配的石料上，待其颜色与原有石料的颜色协调后，用清水将表面的浮色冲净，可再用黄泥浆涂抹一遍，最后将浮土扫净。

（9）添配后的石构件按原来的位置归位安装后打点勾缝。

4. 石构件归安

当石构件发生位移或歪闪时可进行归安修缮，如归安阶条、归安陡板、踏跺归安、角柱归安等。石构件可原地直接归安就位的，应直接归位；不能直接归位的可拆下来，把后口清除干净后再归位。归位后应进行灌浆处理，最后打点勾缝。

1）工艺流程

石构件拆除→直接归位→灌浆处理→打点勾缝→清洁养护。

石构件拆除→修补添配→石构件安装→灌浆处理→打点勾缝→清洁养护。

2）操作工艺

（1）石构件拆除。各个石构件做好编号标识，检查是否破损，并分类归堆码放在指定区域。

（2）挂准线后将石构件或修补添配的石构件，根据编号按原来的位置归位安装。

（3）石构件安装到位后灌浆处理，用三七灰土混合砂浆灌注，分3次灌浆。第一次较稀，以后逐渐加稠。每次灌浆间隔4小时以上，灌浆完成后将石面清洗干净、打点勾缝。

（4）打点勾缝前应将松动的灰皮铲净，浮土扫净，必要时可用水洇湿。勾缝时应将灰缝塞实塞严，不可造成内部空虚。灰缝一般应与石构件勾平，最后也要打水槎字，并应扫净。

（5）用干灰砂填缝，并用扫帚守缝扫严。

5．石构件臌闪、坍塌的维修

压面、台级臌闪、位移时，用撬拨正，用碎石块式熟铁片垫牢灌浆，勾缝严实。

虎皮石墙臌闪、坍塌时，利用原石料重新垒砌。先将臌闪处拆至完好墙身，基底清理干净，挂线按原式样垒砌。石块应大小相同，错缝咬岔、互相紧压，表面基本找平。此种砌法，一般并不完全依靠灰浆的黏结而使它坚实牢固，主要靠垒砌技术高低。古代垒砌虎皮石墙多用白灰掺糯米、白矾灌注墙身，外用油灰麻刀勾缝（比例同前）。一般的居所砌石墙，墙身灌溉花浆（黄土加白灰），外用青白麻刀灰（比例同前）勾缝，并凸出约10～20mm。砌墙用的灰浆内掺糯米、白矾的质量比是：白灰：糯米：白矾=100：3.5：1。

料石墙需重新拆卸时，应用拆下的旧石，不足时用相同品种石料加工后补配。所用石料应六面齐整，合缝平稳，用白灰浆垒砌并灌缝。外用油灰勾缝，所用灰浆材料同虎皮石。

4.9.4 质量要求

（1）修复石构件所用石材的品种、加工质量、石材强度、规格尺寸符合设计要求。

（2）修复石构件应做到新旧构件间线条造型拼接准确、边角整齐圆满。

（3）砂浆和灰浆体积比应符合设计要求。

（4）修复后的石构件安装牢固平稳，安装位置正确，整体质量符合优良观感和设计要求。

（5）修复石构件安装的图案和形式应符合设计要求，外观色泽应均匀一致，无杂色和污点。

（6）安装后的打点勾缝，要求灰缝顺直、宽度均匀，勾缝处理整齐、严实。

（7）修复石构件节点的榫卯做法和安装应位置正确、大小合适，节点严密平整，灌浆饱满，安装坚实牢固。

（8）石构件的修补、补配偏差控制在允许范围内，符合表4-3的规定。

修补、补配的允许偏差　　　　　　表4-3

序号	项目	允许偏差（mm）	检验方法
1	截头方正	±2	用方尺套方（异形角度用活尺），尺量端头偏差
2	相邻石高低差	±2	平尺贴于高出的石料表面，用楔形塞尺检查相邻处
3	表面直顺	3	拉通线，用尺量检查
4	厚度	±3	用尺量检查
5	宽度	±3	用尺量检查
6	长度	±3	用尺量检查

4.10 成品保护措施

（1）灰土垫层施工完成后，应有临时围挡，避免养护过程中受到损伤。

（2）基础墙施工完毕后，未经有关人员复查之前，对轴线桩、水平桩或龙门板应注意保护，不得碰撞。

（3）对外露或预埋在基础内的管道及其他预埋件应注意保护，不得损坏。

（4）基础回填土时，两侧应同时进行。未填土的一侧应加支撑，防止回填时挤歪挤裂；回填土应分层夯实，不允许向槽内灌水取代夯实。

（5）回填土运输时，应先将墙顶保护好，禁止推车损坏或碰撞墙体。

（6）地面铺设施工完毕，应在面层上铺设塑料布，再铺设一层18mm厚的多层板进行保护。

（7）铺设完成后，在周边设置警戒线和标牌，24小时内禁止踩踏上重物。

（8）石构件的成品、半成品在吊装、运输过程中应采用方木垫稳，防止磕碰。长途运输的石料应用方木固定四周，填充聚苯乙烯或草绳等保护棱角。吊装使用尼龙吊装带并在吊装时对棱角加以保护，轻吊、轻放，防止棱角损伤。

（9）安装时应防止灰浆溅到石构件表面。

（10）已安装完毕的石构件棱角应加以保护。应遮盖到位，防止后续施工污染石构件表面。

（11）石构件安装后，7天内不得踩踏或在石构件上堆积重物。

（12）对易磕碰的边角、棱线、地面等部位应采取覆盖等方法加以保护。

4.11 安全环保措施

1．安全措施

（1）施工人员和管理人员必须牢固树立安全文明生产意识，切实做好安全防范工作，防患于未然。

（2）制定安全文明生产管理制度，落实安全文明生产措施。进入施工现场，必须正确佩戴安全帽，禁止穿拖鞋作业。高空作业人员必须系好安全带，禁止酒后施工、吸烟和打架斗殴。严格按照相关管理制度，对于违规操作且屡教不改的工人予以辞退处理。

（3）施工期间，注意高空坠物、物体打击、临边防护、防火，切实做好安全防护措施。现场搬运材料的交叉作业需提前协调，避免相互碰撞。

（4）施工现场的脚手架、防护设施、安全标志和警告牌不得擅自拆动。需拆动时，应经施工负责人同意，并由专业人员加固后拆动。

（5）施工机具要定期进行维护和保养，不得带病运转和超负荷作业。施工机具运转时，施工人员严禁靠近触摸，防止伤人；雨、雪天施工时，应注意对带电施工机具的保护，防止受潮、短路，必要时应搭设防雨棚等。

（6）各种电机设备的金属外壳均应按要求接地或接零。安装、维修和拆除施工用电工程必须由持证电工进行，作业时应有人配合。

2．环保措施

（1）施工用石材、砂、水泥等材料要集中堆放，标识清楚，并采取遮盖措施。大风天严禁筛制砂料、水泥等材料。石灰、散装水泥要封闭集中存放，不得露天存放。

（2）使用现场搅拌时，应设置施工污水处理设施。施工污水未经处理不得随意排放；需向施工区外排放时必须经相关部门批准。

（3）施工垃圾要集中堆放，严禁将垃圾随意堆放或抛撒。施工垃圾应由专门的人员收集处理。

（4）施工现场使用或维修机械时，应有防滴漏油措施，严禁将机油滴漏于地表，造成土壤污染。清修机械时，废弃的棉纱（布）等应集中回收，严禁随意丢弃或燃烧处理。

第 5 章

漆作修缮技艺

本章内容包括三坊七巷中灰塑、彩绘、地仗、油漆作的修缮工程。

5.1 修缮准备

5.1.1 技术准备

（1）组织操作人员学习相关的设计说明、材料做法等相关标准规范，进行设计交底并进行修缮技术交底。

（2）对所要恢复的现存灰塑实物进行认真详细多角度地拍照、测查、测量、测定、取样等工作，按调查结果提出修缮设计方案。

（3）确定所用材料的使用时间及所需数量。

5.1.2 材料准备

根据修缮内容确定，详见后续各节。

5.1.3 工具准备

调灰机、砂轮机、油工专用斧子、挠子、铲刀、磨石、水桶、油桶、把桶笤帚、刷子、糊刷、半截桶、把桶、碗、皮子、铁板、过板、灰耙、勺、挠子、开刀、油石、笤帚、布、铲刀、锤子、剪子、灰匙、线匙、毛笔或水粉笔、陶缸、搅拌机、刀或瓦刀、枋条等。

5.1.4 作业条件

1）作业场所要干净，没有灰尘和飞虫。窨房密封良好，减少人员出入。

2）架木、高凳安全可靠，经验收合格后方可操作。

3）石灰入眼，可能导致眼部碱烧伤。因此，应做好个人防护，以免灼伤。

4）应将全部损坏部位及基层清理干净。效仿原灰塑图样，采用与原灰塑相同材料和相同的雕塑方法进行修缮或补作。如用新材料，应经试验证明其与原灰塑效果相同方可使用。根据损坏程度的不同，应采取不同的方法修缮。

（1）表面褪色。应将表面清理干净，重新刷灰水（彩色灰塑按原色彩要求上色）；

（2）表面开裂、爆点、风化处应将基层清理干净，满涂结合剂，重配纸筋灰作面层；

（3）局部损坏或全部损坏的，应将基层和结合面清理干净并重塑。

5）木构件上各种钉子或铁件已拔除。

6）屋面工程基本竣工，无交叉作业，以免影响操作。

7）室内外地面已竣工，同时已进行妥善保护。

8）脚手架搭设完毕，经有关部门验收合格。

9）具备防雨、防风、防晒措施。

10）相邻作业面如墙面、柱门、柱顶石等处，已进行有效防护。

11）砍制完成后应认真进行核查工作，发现相关工种遗留问题及时反映处理。

12）砍制前后的各种线形和尺寸不一致，或与设计不一致时，要妥善处理，做好记录并制作成轧子妥善保存，以便恢复。

13）天花板砍制前，需拆卸的构件应认真核查编号。砍制后需整修加固时，相关工种遗留问题应及时进行妥善处理。地仗修缮全过程不得损毁编号。

14）修缮部位必须保持干燥。针对传统油灰地仗，木基层含水率不宜大于12%。

15）修缮前应提前搭设脚手架及防护栏，脚手架搭设应不妨碍操作。脚手架应经有关安全部门检查，鉴定合格后方可进行后续修缮。

16）室内外地仗同时修缮时，应将固定的门窗扇安装完毕。搭设脚手架前，应先将大型活槅扇、槛窗、板门等拆卸，另行搭设脚手架并固定。修缮操作平台应通风良好，防雨淋，以便安全操作、保证质量。拆卸时要认真编号。地仗修缮全过程不得损毁编号。

17）板门、博缝板基层处理前，应提前拆卸木质门钉（含金属钉）、梅花钉并妥善保存，待地仗完工后安装。山花博缝与博脊交接处应事先钉好铁皮条或油毡条，防止漏雨水后再进行地仗修缮。

18）地仗修缮前，应检查松动的和高于木材面的铁箍、铆钉等加固铁件是否恢复原位，并保证铁箍低于木材面约5～10m。

19）修缮砍制前，应提前将铜铁饰件拆卸完毕，保证其完整无损，并按部位登记造册，妥善保管以便修缮后原位恢复。

5.2 灰塑修缮

本节修缮技艺主要用于三坊七巷中灰塑使用部位（包括屋面各脊、墙头的荷墀线、墀头、墙头堵框灰塑、门头匾额、戗脊各部分、门垛头、混水门楼、漏窗灰塑、山墙山尖、亭子顶等）修缮工程（图5-1~图5-7）。

图5-1 墀头上的灰塑1

图5-2　堁头上的灰塑2

图5-3　堁头上的灰塑3

图5-4　墨色灰塑（摄于林则徐纪念馆）

图 5-5 彩色灰塑
（摄于水榭戏台）

图 5-6 马鞍墙（摄
于南后街）

图 5-7 墙头（摄于
林则徐纪念馆）

5.2.1 专业术语

（1）清除：去除表面污渍、杂渍的技术措施。

（2）加固：通过应用适宜的材料，增加其强度和结合力的技术措施。

（3）表面防护：通过在表层施用防护材料，以减少雨水飘淋、空气污染等对表层侵蚀的技术措施。

（4）壳灰——贝壳灰膏（蚬灰）。将牡蛎、蚬、蛤等贝壳煅烧成灰，经筛选后得到不同粒径的灰渣，这是制作墙头灰塑的主要材料。

（5）草筋灰：用于灰塑的批底，连接骨架和纸筋灰。

（6）纸筋灰：用于黏结草筋灰和色灰。

（7）色灰：纸筋灰与颜料混合拌匀后，即成为色灰。色灰主要用在灰塑作品较外层的地方，作为灰塑的基础。

5.2.2 修缮材料

1．灰浆材料

1）贝壳灰膏

这是修复的主材料。壳灰调配加水，倘若反复会影响灰膏的黏稠度，就必须长期养水置于灰池浸泡半个月以上，并将在其面层形成一层约100mm厚的灰油膏。待分离后再取上部质量（胶结力）较好的灰油膏作为材料。

灰膏在使用前应密封保存。密封之前需要在灰膏内加入适量糯米粉，而封桶后则不可漏风，否则变硬将失去使用价值。

2）麻丝

麻丝的长度宜取20～40mm。

2．骨架材料

铁钉（方钉）、钢线、木棒、钢筋、珠片均可作为骨架材料供设计需要进行选用。铁钉一般用于浮雕，如个体较小的花朵、小鸟等；铜线一般用于钉与钉之间的捆扎；木棒、竹片、钢筋等多数用于高浮雕或圆雕的主骨架。

3．颜料材料

修缮材料一般采用黑、白、青、绿、丹等矿物料。如若颜料颗粒粗，应过网筛或再次研磨方能使用。涉及特色颜色时，匠师可根据需要取不同量的颜料调制；不同颜料的调制则需用凉水、开水或酒调制。

4．骨料材料

1）钢筋

钢筋应选择直径适宜、经过除锈处理的。

2）钢线

钢线直径粗细选择应根据灰塑个体大小确定。

3）方钉（锻钉）

方钉应有长、短、大、小供选择使用；方钉铁件应为锻打材料，不易生锈。

4）麻丝

麻丝应切断为30～50mm长度，并和灰浆搅拌均匀方可使用。

5．胶材料

动物胶，如鱼鳔、骨胶类颜料。动物胶料经加热、蒸、煮，熬制成胶液，再和颜料粉末调配为色浆，并分装于盆罐，以备修缮。传统材料除动物胶外，植物胶如糯米浆汁也是一种较好的胶材料。

6．草筋灰

用于灰塑的批底，连接骨架和纸筋灰。

制作草筋灰，首先需准备中等粗细砂粒，以2∶1的砂灰比调配石灰和中砂制作石灰膏。其次把干稻草截至约50mm长，用水浸湿，然后放入大缸或大桶等大容器内，铺至约50mm厚，在干稻草上铺一层石灰膏，以完全覆盖下层稻草为宜。以此类推，一层稻草一层石灰膏，直至达到雕塑所需用量。随后，沿着大缸或大桶内壁缓慢灌入清水，水量没过稻草和石灰膏叠层约300mm。待密封、浸泡和发酵至少15天后开封。经过长时间的浸泡和发酵，稻草已经霉烂，而且与石灰一同沉淀。开封后将上层淡黄而清澈的石灰水滤出以留作日后调色，然后按200kg的草筋灰加0.5kg红糖的比例进行搅捣，最后封存，避免草筋灰被风干。

7．纸筋灰

用于黏结草筋灰和色灰。

制作纸筋灰，首先应准备石灰膏，采用300kg清水浸泡100kg生石灰，再用细筛过滤，除去沙石杂质，使其成为石灰油。其次，按照2.5kg红糖、3kg糯米粉的比例进行配料与搅拌，使之细腻柔滑。随后用元宝纸（用于拜祭先人时焚烧的冥纸）15kg，浸透、搅烂成纸筋。最后将石灰油与纸筋混合，密封20天左右。使用时需先取出糅合，糅合时间越长，混合物的黏性就越好。

8．色灰

纸筋灰与颜料混合拌匀后，即成为色灰。色灰用在灰塑作品较外层处，作为灰塑上彩的基础。色灰颜色依据灰塑作品的题材，使用较浅淡的红、蓝、绿、白、黄等作为作品的色彩基调。

5.2.3　修缮技艺

1．工艺流程

1）灰塑的重制工序

画稿→基层处理→构思定位→绑扎骨架→批灰→上灰→揩像（墨色灰塑）→刷灰水（彩色灰塑）→调色→填彩→混合色和叠景技法的修缮→封护。

2）灰塑的修补工序

清洗灰塑→铲除疏松的灰层→保持相应的湿度→补灰→上色灰→上彩。

2．重制施工工艺

1）画稿

灰塑施作前，应先绘画稿。画稿应根据房屋的等级、周围环境情况和相关标准规范要求进行绘制，也可在已有的画稿中进行选取，画稿应经建设方和有关单位审查认可后，方可依次修缮。

2）基层处理

灰塑应在处理好的基层上进行。基层处理应符合下列规定：

在屋脊、屋面、墙面修缮时，应预埋锚固铁件和木砖。其中，铁件应做好防锈处理，木砖做好防腐处理。

将基层清理干净后洒水湿润，并用纯水泥浆满刷，再抹1∶3水泥砂浆结合层。

在屋顶修缮时，应在铺瓦之前进行基层处理，并在屋面瓦铺好之后进行灰塑。

3）构思定位

应按照画稿以1∶1比例在处理过的基层上构思定位。应将图样的外形轮廓和主要特征点标在基层上，作为骨架绑扎的依据。

4）绑扎骨架

骨架应根据构思定位的要求进行绑扎。骨架宜选用直径4～6mm的钢筋，并外包钢丝网或麻丝，也可采用木材、铁钉等缠麻丝。钢筋和钢丝网应进行防锈处理，木材应进行防腐处理。骨架的外形应符合灰塑图样的要求。

5）墨色灰塑

（1）上灰。骨架上灰应分层进行，每层的做法应符合下列规定：

底灰应采用水泥∶白灰∶砂=1∶0.3∶3拌制混合砂浆，并分层进行，每层厚度宜在5～10mm。第一层灰应稍稠些，余下各层稠度适当即可，应待前一层凝结后方可抹上一层，直至抹到达到要求为止。

面层灰应待底灰干至七八成后进行，面层灰采用混合砂浆。此外，应在面层上将图样主要外形特征线条雕塑出来。

（2）揩像。揩像灰应采用更细的水泥纸筋灰（纸筋应揭碎过筛）。应将动物的面部神态、植物的花朵等细部形象全部雕塑出来。揩像厚度应为2～3mm。

（3）刷灰水。待灰塑半干后，应刷灰水1～2道，灰塑表面颜色应均匀一致。灰水可按下列办法配制：

a. 将墨放入70℃的水中泡开，并加白灰搅拌均匀；

b. 将白色乳胶漆加黑色颜料，搅拌均匀。

6）彩色灰塑

（1）上灰。骨架上灰应分层进行，每层的做法应符合下列规定：

底灰应采用水泥∶白灰∶砂=1∶0.3∶3拌制混合砂浆，涂抹时应分层进行，每层的厚度宜为 5 ~ 10mm。第一层灰应稍稠些，余下各层稠度适当即可。应待前一层凝结后方可抹上一层，直至抹到达到要求为止。

面层灰应待底灰干到七八成后进行，面层灰采用白水泥配纸筋灰。此外，应在面层上将图样主要外形特征线条都雕塑出来。

（2）揭像。揭像灰应采用更细的水泥纸筋灰（纸筋应揭碎过筛），应将动物的面部神态、植物的花朵等细部形象全部雕塑出来。揭像厚度应为 2 ~ 3mm。

（3）调色。施彩依所塑内容参照原施彩色泽修缮，有单色施填的，也有混合施填的。颜料的种类繁多，选择天然材料时，单色修缮不能满足工程的修缮要求，因此，需配调多种混合色。混合色调兑必须按传统技艺做法。如青配杏色，绿配紫色，黑与白对色之法。各种颜料彩色的配兑各不相同，有些粉料要过筛，有些要用凉水、开水或酒调制，有些制作技艺则需长时间浸泡。用材性能各异，配制技艺也不尽相同，修缮时应采用传统技艺进行调色配制。调色配制完成后，装置于盆罐内，加入胶液拌匀。修缮时填彩应根据需要用量调制。当日未用完的，次日不得再用，因为隔日动物胶可能由于天气等原因导致腐坏，失去胶力。胶液熬制应单独盛装，夏季每天均应加热煮沸，否则腐坏影响质量。

（4）填彩。施彩之前应在灰塑表面涂刷一道白水泥浆作为结合层，主要由于白水泥浆能较好地和原灰塑结合。随后进行填彩，即将颜料和胶水调配到适当的浓度、稠度，按不同的颜色分装于罐内，用毛笔、美术笔或毛刷蘸色于灰塑面。

应根据设计对颜色的要求，采用外用白色乳胶调制色浆，并刷 2 ~ 3 层色浆。当一件灰塑上存在不同颜色时，应先上浅色，后上深色。

填彩时注意填彩的厚度和涂刷的顺序方向，不可填漏。填彩前应检查灰塑是否干透，表面是否洁净，在填彩时按照片或记录的颜色填色施彩。第一遍填完后，应于适当的距离观察整个画面颜色是否合理、均衡以及有无漏填。中途休息时需用细部遮盖加以保护。

对上色不均匀、界限不准确的部位进行修整，应达到与图样一致的效果。

（5）混合色和叠景技法的修缮。传统修缮为提高灰塑画面的观赏效果，常采用混合色修缮描绘，即将两种颜料配制兑成，也有将二色配兑调解浅出一个色阶。灰塑填彩在混合色、二色配兑和叠景修缮方面都需按传统技法施彩，详细做法此处不再叙述。

（6）封护。填彩修缮完成，为保护灰塑颜色不被气候侵蚀和太阳光、热、辐射等破坏，应在灰塑表面罩封，延长其寿命。封罩选择的胶材料一般为无色透明亚光材料，可选择刷胶矾水加固封护或用高分子材料封护。

3．修补施工工艺

1）清洗灰塑

用清水刷洗灰塑，将表皮的浮灰、污垢洗去。

2）铲除疏松灰层

清除疏松灰层时要特别留意，无论疏松灰层面积大小或深浅，务必彻底把疏松灰层清除，铲至结实部位为止。否则，修补时无法将新、旧灰黏合。

3）保持相应的湿度

清除疏松灰层后，不能让灰塑内湿外干，表面必须遮盖，使其表面始终保持适当的湿度，以便修补和上色。如若灰塑表面过于干燥，修补时新的草根灰无法黏合在旧灰之上。此外，当灰塑外表的纸筋灰干燥时，颜料无法渗入灰塑，同时还会产生不规则的鳞片状翘壳。灰层上翘或卷曲，颜色层一经风雨就会片片脱落，影响补色效果。所以，在灰塑修补过程中掌握和保持表面适当湿度至关重要，这将直接影响灰塑质量。

4）补灰

修补灰塑需要由内至外逐层修补。里层用草根灰，外层用纸筋灰。如果修补面积大而深，则需用草根灰先填补约20mm，一至两天后，待草根灰与底灰黏牢，并且开始变硬时再补第二层灰。以此类推，直至合适的层次。填补的草根灰不宜过厚，因其又湿又软，过厚则不易定型而且容易落灰，甚至容易将上一层灰都拉扯脱落。最后，应在表面添加一层纸筋灰，细化雕塑表层。

5）上色灰

补灰完毕时，还要根据各部位的需要添加一层薄薄的各色色灰。有了这层色灰，上色彩时才可保持色彩鲜艳而不易露底。

6）上彩

上彩是修补灰塑的最后一道工序，这直接决定了灰塑的可视性，其所用颜料采用石灰水调制。上彩是否成功与艺人之前把握灰塑湿度的技艺密切相关。灰料太干，灰塑表面容易翘壳；灰料太湿，难以上色。如果灰塑内部水分过多，即使外层上彩完美，一经阳光照射，灰塑内部水分会大量蒸发，将造成外层颜色泛白。修补灰塑中所用的上彩方法和制作灰塑的上彩方法相同，此处不再赘述。

7）成品保护

灰塑完成后，应严加保护，不得碰撞污染。

5.2.4　质量要求

（1）灰塑中骨架材料的材种、材质、规格、连接方式均应符合设计要求。

（2）灰塑中采用泥质、灰、砂、纸筋、布、麻及其他辅料配比均应符合设计要求或地方传统做法。

（3）灰塑的内容、花形纹样应符合设计要求。

（4）各灰层之间和灰层与基层之间不得有脱层、裂缝等缺陷。

（5）灰塑的安装应牢固正直、结合严密、表面洁净。

（6）灰塑外观质量应外形丰满、表面光滑、线条流畅、层次分明、形象逼真、色泽均匀一致，且符合设计要求。

（7）灰塑制作允许偏差和检查方法应符合表5-1规定。

灰塑制作允许偏差和检查方法　　　　表5-1

序号	项目	允许偏差（mm）	检查方法
1	位置偏移	±20	尺量检查
2	垂直度	2	吊线尺量检查
3	外形（长、宽、高）	±5	尺量检查

5.3 彩绘修缮

本节修缮技艺主要用于三坊七巷中彩画使用部分（包括木构架、雕花彩绘和墙上的壁画彩绘）修复的修缮工程，不适用整体重画（图5-8～图5-11）。

图5-8 荷墘线彩绘（摄于小黄楼）

图5-9 木构件彩绘（摄于林则徐纪念馆）

图5-10 木构件彩绘（摄于林则徐纪念馆）

图5-11 墙面彩绘（摄于小黄楼）

5.3.1 专业术语

（1）清除：去除彩画表面污渍、杂渍的技术措施。

（2）加固：对脆弱彩画层、地仗层，通过应用适宜的材料增加其强度和结合力。

（3）局部补绘：对局部残损的彩画，按照其传统制作方法，采取相应的修复技术进行修补。

（4）随色处理：按原有彩画的色相、色度、光泽度等对局部补绘部分进行的色彩协调。

（5）表面防护：通过在彩画表层施用防护材料，以减少雨水飘淋、空气污染等对彩画表层的侵蚀。

（6）操油：在地仗层表面一次性连续施涂生桐油的技术措施。

（7）灰：彩画地仗制作使用的主要材料之一，通常由砖灰和大白粉等组成。

5.3.2 修缮材料

1．胶结材料

一般用水胶（指动物质皮骨胶），也可用净光油代替水胶，或用聚醋酸乙烯乳液（近二三十年来较广泛采用的化学胶）代替水胶，或用油满代替水胶（仅于偏冷季节的某些特殊要求工程的砸沥粉用）。

2．颜料

传统彩画用矿物彩，颜料有墨蓝、群青、皂黄、铁红、墨绿等（根据所需色彩而定）。亦可采用购买的水胶，加深颜料与掺墨即可。

3．其他材料

土粉子、大白粉、白矾、高丽纸、牛皮纸等。

4．防护材料

主要为桐油。

5．矾水

胶矾水的浓度为2%～5%，胶矾配比为1∶1.5～1∶2（质量比）。制作时各材料应分别用水溶化后再行混合，不得将矾直接投入胶水内溶解。

5.3.3 修缮技艺

1．技艺流程

1）污染物清除工序

回贴／加固→清理→罩油。

2）局部补绘工序

地仗处理→打底色→打底稿→描轮廓→罩油。

2．操作技艺

1）回贴、加固贴补旧彩画

（1）应加固疏松的地仗，增加其强度。使用传统技艺手法汁浆加固，或选用丙烯酸乳液经稀释后加固。如旧彩画麻布地仗出现裂缝、卷曲、部分脱落，应使用传统技艺手法修补，或采用丙烯酸乳液经稀释后加入适量比例填补，中细灰使用前应进行脱盐处理。

（2）老旧彩画地仗空鼓、卷曲时，应选用温度可调的蒸汽罐或用热毛巾将其热敷软化后再行回贴。空鼓时，可采用医用注射针头定位注胶，外加压力回贴修复。

2）修缮清理污染物

（1）污染物清除前，应对起甲、粉化的彩画颜料层做回贴、加固处理。

（2）应使用软毛刷清理旧彩画、大木上的浮尘。清理时，不应伤及画面，边扫边将浮尘收集至容器中，不应任意扫落扩散造成二次污染。

（3）应选用便携式可调吸尘器吸除未扫净的浮尘和离骨断面及缝隙处浮尘。

（4）应配备气泵或皮老虎吹吸不易脱落的翘皮、地仗离骨处的尘埃。

（5）可用溶剂进行浸湿、软化后，清除与彩画表层有一定结合的结垢。

（6）可用化学材料去除油污、烟熏以及涂料等与彩画表面结合紧密的污染物。化学清除应确保选取的清除材料能有效清除污物，同时不应对彩画颜料造成破坏影响。

（7）动物、微生物代谢物等可先用溶剂浸湿、软化后用棉签滚搓，配合机械方法清除。对仍难以清除的部分污染物，再用化学方法继续清除。

3）局部补绘

（1）地仗处理。补绘前应先进行地仗处理，当地仗损坏面积较大时，应从砍净翘白做起，按原地仗做法对地仗修补；当损坏部分面积较小时可用单披灰地仗修补，待地仗修补完成并检查合格后，按原彩画使用的材料和修缮方法，依照复原小样的要求进行补绘（见地仗修缮章节）。

（2）打底色。木构件表面用油漆打好底色。白灰墙则无须打底色。（见油漆修缮章节）

（3）打底稿。现今多使用铅笔打底稿，传统一般使用木炭条打底稿。

（4）描轮廓。用毛笔画全草稿，目前常用"一得阁"墨汁画草稿。毛笔一般选用狼毫，可弹性上彩，即平涂与化色兼用。

（5）罩油（桐油封护）。在旧彩绘或新绘制的彩绘上涂刷一道光油。旧彩绘在刷桐油前，为防止颜色年久脱胶，应先刷矾水1～2道加固。

3．成品保护

（1）天花彩画的绘制应针对季节气候的变化，建立防雨、防风、防冻等具体相应的防范措施。

（2）彩画竣工拆除脚手架时，应注意不得碰撞天花板与天花支条等部位。

5.3.4 质量要求

（1）图样及材料的品种和规格应符合设计要求。

（2）颜色严禁出现漏刷、透底、掉色、翘皮等现象。

（3）饰面洁净，色泽饱满，色度协调一致。

（4）彩画表面的防护处理不应在彩画表面形成斑痕。

5.4 地仗修缮

5.4.1 专业术语

（1）地仗：用地仗灰或地仗灰夹麻（布）附于木构件上，形成油漆、彩画的基底。传统地仗灰一般由砖灰、血料和油满配制而成。

（2）麻灰地仗：特指灰层间夹有麻层或布层的地仗做法。常见者为一麻五灰做法，除此之外还有两麻六灰、两麻一布六灰、两麻一布七灰等不同做法。

（3）单披灰地仗：又作"单皮灰地仗"，简称"单披灰"或"单皮灰"。特指没有麻层或布层的地仗做法，包含四道灰、三道灰、二道灰等多种做法。

（4）砖灰：配制地仗灰的主要材料之一，由青砖、青瓦砸碎后筛分而成。

（5）血料：配制地仗灰的主要材料之一，由猪血加少量生石灰水发制而成。

（6）油满：配制地仗灰的胶凝材料之一，由灰油、石灰水和白面调制而成。

（7）灰油：配制油满的主要材料之一，由生桐油加少量土籽面和樟丹熬炼而成。

5.4.2 修缮材料

1）水：自来水、井水、河水均可。

2）稀释的生油或光油。

3）汁浆：必须使用油满，并按稀释比例用料，不得直接采用血料汤。

4）油满：应随用随打满，稠度适宜，无生面团。

5）灰油：火候应到位，且易干燥。

6）血料：采用纯鲜猪血和石灰水加工发制而成的熟血料。有民族忌讳的修缮地点可用其他大牲畜鲜血发制。血料呈暗红色，手捻有黏性，微有弹性，呈嫩豆腐状，搅拌检查呈稠粥状。不得使用和掺用血料渣、硬血料块、血料汤。备用血料宜存放于阴凉处，变质的血料不得使用。

7）砖灰：一般采用大籽、楞籽、中籽、小籽、鱼籽、细灰、中灰、飘灰等，应保证其无受潮现象。

8）土粉子：是一种含有二氧化锰的矿石，呈豆粒或块状。一般豆粒状为黑褐色，块状为褐色。制作过程为：将干燥土籽粒碾碎，过60目筛形成土籽面或粒状的土籽。如若直接采购成品土籽面，应保证其干燥、颜色一致，无杂质、杂物。

9）大白面：细腻无杂质。

10）滑石粉：细腻无杂质。

11）麻：分为人工线麻和机制盘麻。上等柔软线麻一般呈本白色或微黄，具有一定的光泽度，纤维拉力强，手拉线麻丝不易拉断。不得采用过细（似麻绒）的机制线麻或拉力差、发霉的线麻。使用的线麻中不得含大麻披、麻秸、麻疙瘩、杂草、杂物、尘土等杂质。

12）布：应使用麻织布。一般使用以苎麻纤维织成的布，布丝柔软、清洁，布纹孔眼微大的为佳，每厘米长度内以10~18根丝为宜，根据使用部位选择厚薄、布丝粗细。不得使用拉力差、发霉及跳丝破洞的夏布。

13）地仗灰：以油满、血料和砖灰配制而成。调配地仗灰需事先调配灰油、油满、血料等胶粘材料，然后再按配比调配成捉缝灰、通灰、披麻灰、亚麻灰、中灰、细灰等。

14）材料预加工

（1）灰油的配比和熬制方法见表5-2。

灰油的熬制配比与工艺   表5-2

用料质量比				熬制方法
材料	春秋	夏	冬	将土子灰与梓丹按左栏比例混合，放入锅内翻炒，直至如砂土开锅状为止，充分去除水分；倒入生桐油，加入熬炼，不断地用油勺搅拌，不使土子灰与梓丹沉淀；油开锅时（最高温度不超过150℃），用油勺轻扬放烟，待油开始由白变黄，表面变成黑褐色，即可试油。方法是将油滴入冷水，如油不散，凝结成珠即表示油已炼成，出锅冷却待用
生桐油	100	100	100	
土子灰	7	6	8	
樟丹	4	5	3	

（2）打油满

a．油满即乳化桐油，其配比按重量计为面粉：石灰水：灰油=1：1.3：3或1：1.3：1.95，也有采用1：1.3：1.3。此比例与面粉的细度有关，应根据经验和试验确定。

　　b．配制方法：将面粉按比例称好倒入桶内或搅拌机内，徐徐加入稀薄的石灰水，按同一方向搅拌成糊状，不得有面疙瘩出现，然后加入灰油调匀，即为油满。

　　c．配制过程中应坚持同方向搅拌，不得乱搅和反向搅，以免搅"泄"，达不到乳化的目的。

　　（3）地仗灰的配制

　　a．地仗灰包括捉缝灰、通灰、亚麻灰、中灰、细灰。配制时应逐遍增加血料和砖瓦灰，撒其力量，以防上层劲大而将下层牵起，其配比（质量比）见表5-3。

地仗灰的配比　　　　　　表5-3

灰类＼材料名称	油满	血料	砖瓦灰	备注
捉缝灰通灰	1	1	1.5	
披麻灰	1	1.2		又叫作头浆
亚麻灰	1	1.5	2.3	
中灰	1	1.8	3.2	
细灰	1	10	39	加光油2 水6

　　b．调制地仗灰是将油满、血料及瓦灰三种材料按表5-3中比例调和而成。其中，瓦灰主要是用作填充材料，分籽灰、中灰、细灰三种，因此在调地仗灰前，应先对砖瓦灰进行级配。一般级配为：捉缝灰由籽灰中加入15%中灰和15%油灰组成；通灰由籽灰中加入30%中灰和20%细灰组成；亚麻灰由籽灰中加入30%中灰和20%细灰组成。其中中灰应在其中加入30%细灰。

　　（4）发制血料

　　a．先用碎藤瓢子或干稻草揉搓鲜生猪血，将血块、血丝搓成稀粥状血浆后，加入适的清水搅动均匀，使其稠度与原血浆类似，过箩于干净铁桶内去除杂质。在稀稠适度的血浆内，点4%～7%的温度和稠度适宜的石灰水，并随点随用。应同向缓慢均匀搅动，静置2小时左右，使其凝聚成微有弹性和黏性的熟血料方可使用。

b．初次发血料应先试验。根据血浆稀稠度调整石灰水的温度和稠度及石灰水的加入量，试验成熟再批量发血料。

c．不得用注水（由深红色变浅红色）和加盐的生猪血。搓好的血浆加入的清水控制在15%~20%，血浆起泡沫时可滴入适量的豆油消除气泡。

（5）梳理麻

a．初截麻：梳麻前应先打开麻捆，砍除麻根部分。具体步骤为：一人攥住麻两端并拧紧，另一人用斧头剁段成肘麻长度（约为700mm）。

b．梳麻：经初截麻后，在架子的适当高度拴上绳套，将肘麻搭在绳套上，一手攥住绳套部分的麻，一手拿麻梳子从根部麻梳起，将麻梳成细软的麻丝存放。

c．截麻：梳好的线麻，需根据应用部位（如柱、枋、槅扇）决定截麻尺寸。部位面积较大时按原梳麻尺寸使用；部位面积较小时，可截短。截麻时，一人攥住梳好的线麻并两头拧紧，另一人用斧头根据尺寸要求剁成段。

d．择麻：截麻后进行择麻，即将梳麻中漏梳的大麻结节。例如，麻中的麻秸、麻疙瘩以及杂草等择除，使麻达到干净无杂物。

e．弹麻：麻择干净后，使用两根弹麻秆进行弹麻。具体步骤为：采用未挑麻的麻秆弹打挑麻的麻秆和麻，将麻弹顺，使之蓬松、干净，再将麻摊顺成铺，码放在席面上，满一席后卷捆待用。

f．注意事项：梳理线麻时应保证环境通风良好，操作人员佩戴双层口罩，同时注意防麻梳子扎手。

5.4.3　修缮技艺

1．技艺流程

一麻五灰的制作技艺：

斩砍见木→木基层缺陷的修补（撕缝→下竹钉→支浆）→捉缝灰→

披麻→压麻灰→披中灰→披细灰→磨细钻生。

2．操作技艺

1）斩砍见木。

2）一麻五灰地仗的第一步是要满砍木构件表面，无论新旧木构件修缮，均需要进行此道工序。具体做法为：先清理干净木构件表面，再使用小斧子将其表面砍麻，主要由于光滑、平整的木构件表面不利于木构件与地仗的黏结。砍制深度约为1mm，至见木茬为度，间距为4～7mm，最后用铁挠子将表面清理干净。

3）木基层缺陷的修补。

4）旧木件上的油灰、麻皮应全部砍净，残留在木件上的油灰、水绿污迹需用挠子挠净，称为"砍净挠白"。技艺质量要求砍净见木、木不伤骨，不损坏棱角线路，此称为满砍披麻旧地仗。对于地仗空鼓脱落和仍需保留的质地坚硬部分，应砍掉其空鼓不实处，保留质地坚硬部分。

（1）撕缝针对木件表面2mm以上宽度范围内的自然裂缝，采用锋利的铲刀或挠子，将其两侧硬楞撕掉，俗称撕成两撇或倒八字形缝口（V字形）。撕成的缝口宽度为原缝宽的1.5～2倍，撕缝深度不应小于3～5mm。缝隙内的旧油灰和活动木条及缝口灰迹应清除干净，通常是大缝大撕、小缝小撕、应撕全撕，决不遗漏。

（2）下竹钉。用锯将干燥毛竹（厚度不小于10mm）锯成25～40mm长短不等的竹筒，再用锋利的小斧将竹筒劈成3～12mm宽度不等的小竹棍，最后将小竹棍一头砍削成宝剑头形。

凡上下架大木（柱、梁、枋、槁、槛、框等）的新木件3mm以上宽度的裂缝应下竹钉。旧木件竹钉松动或丢失，应重下或补下竹钉。在下竹钉前，首先要根据缝隙宽度和深度选择竹钉长短和宽度，将选择的竹钉按150mm间距插入缝隙中，间距允许偏差为±20mm；其次采用小斧从缝隙两头出发，同时将竹钉下击（注意不得击下一竹钉后，再击另一竹钉，以防缝中竹钉松动）。缝隙长约一尺时，竹钉用量不少于3个。并列缝隙竹钉应错位，基本成梅花形。缝隙宽于单钉宽度时应下靠背钉，缝隙宽于靠背钉则下公母钉。所下竹钉的劈茬应与缝隙木质面接触并保证严实牢固，竹钉帽应较木材面齐平或略低。下竹钉不得硬撑硬下，不得下母活竹钉（指竹钉的光面与缝隙的木质面接触），不得漏下竹钉，不得有松动的竹钉。

　　遇梅花柱子、槛框、踏板等构件尺寸小于200mm×100mm的矩形构件下竹钉时，应先下扒铜子后下竹钉。扒铜子间距与竹钉间距一致。在两个扒铜子中间下竹钉，注意不得硬撑硬下。竹钉长度约为25mm。所下扒铜子要剔槽卧平，不得高于木件表面。扒铜子主要采用10~12mm钢丝，扒铜子长度一般介于0~25mm之间，其宽度一般为缝隙宽度的3倍。扒铜子制作方法是：以缝隙宽度为10mm为例，采用钳子掐断钢丝（长度约为70~75mm），最后采用钳子窝成"ᒆ"形即可。

　　除楦裂缝外，针对构件的连接缝叮利用锋利小斧和铲刀下（楦）干竹扁或干木条。具体来说，将竹钉之间10mm以上的缝隙采用小斧和铲刀下（楦）竹扁或楦木条，存在翘茬者应钉牢固。棺缝应楦实、牢固、平整，不得高于木件表面。板类如槅扇、槛窗、垫棋板、支条、天花、坐凳、栏杆等木装修部位有裂缝，不宜下竹钉，以防撑裂。新木面应下（楦）干竹扁；旧木面下（楦）干木条。

　　（3）支浆。基层处理后，先将砍挠下的旧灰皮及污垢杂物清理干净。在支油浆工序前，应将地仗修缮面相邻处的墙腿子、坎墙、柱门子、夹杆石、抱鼓石、柱顶石等土建成品的部位进行糊纸保护。糊纸时的糨糊采用普通面粉加清水搅匀加热形成，待晾凉后加入少许羧甲基纤维素溶液（浓度为5%）。糨糊稠度适中，不得采用化学成分的糨糊和胶黏剂。黏糊纸宽度不少于150mm。易污染的砖石墙应满糊报纸。台明、踏步、砖石地面等相邻部位，采用刷黄土泥浆或用塑料布进行保护。在地仗修缮中及第一道油漆和粉刷之前，如遇糊纸脱落应及时黏补报纸、补盖塑料布及补刷黄土泥浆进行保护，防止污染其他成品。

　　针对水锈部位和木件糟杇（风化）部位，应将水锈或风化层清除并将表面灰尘、杂物等清扫干净。涂刷操油一道，操油按照生桐油∶汽油=1∶1.5~1∶3配制并搅拌均匀。采用刷子涂刷水锈和木质糟杇部位表面时，涂刷应均匀、不得遗漏。操油的浓度应根据木质水锈及糟杇（风化）程度适当调整，以干燥后其表面既不结膜起亮，又能增强木质强度为宜。

　　首先采用笤帚由上至下、从左至右将木材表面泥土、灰尘等杂物清扫干净，随后支油浆。其中，汁浆按照油满：血料：清水＝1：1：8～12配制并搅拌均匀。支油浆时应由上至下，从左至右进行，用糊刷或大刷子顺着木件木纹满刷一遍。缝隙涂刷到位，表面涂刷均匀、无遗漏、无结膜起皮。不得使用机器喷涂代替手工涂浆。

5）捉缝灰

即用油灰塞填木构件表面裂缝。油灰刮缝，应保证横线、横挤、挤满、挤光、挤严，使缝内油灰饱满，切忌有空隙，最后顺着裂缝刮净除灰。木构件凡有低洼不平或缺棱短角之处，需用铁板皮填补，做到平、直、齐，低洼不平处衬平借圆，缺棱短角处长高嵌平。油灰应自然风干，干透后采用砂轮石或石刀磨平干油灰的飞翅，修齐边角，并用湿布掸去浮沉，打扫干净。需要注意的是，判断嵌缝的油灰是否干透应采用铁钉扎，铁钉扎不入即为干透。

6）披麻

又称使麻，是将麻纤维贴在扫荡灰上，在地仗中起到拉结的作用，可以使地仗的油灰层不易开裂。其操作步骤包括开头浆、粘麻、轧干压、洒生、水压、磨麻、修理等七道工序。

（1）开头浆即刷头道黏结浆。具体步骤为：将批麻油浆刷在通灰层表面，并根据麻的厚度确定开头浆厚度，一般以经过压实后能够浸透麻为标准，约为3mm。

（2）粘麻。麻丝走向应与木纹方向或木料拼接缝方向垂直，可以起到加强木构件抗拉的作用。麻丝的厚度应均匀一致，麻丝随铺随压实、压平。

（3）轧干压。也称压麻，先从阴角（也称鞅角）或边线压起，后压大面两侧，压至表面没有麻绒为止。压麻需两人操作，一人将头浆砸匀，将麻砸倒；另一人紧跟其后干轧，务必做到层层轧实。

（4）洒生。也称洒生，即刷第二道黏结浆。在麻面上刷一道浆料（四成油满掺入六成净水），刷至不露红，且不可过厚。

（5）水压。趁表面潮湿时将麻丝翻虚，查看有无干麻、虚麻或存浆，务必将内部余浆挤出，把干麻浸透。然后依次轧压，此次轧压需保持麻丝湿润，故称为"水压"。水压顺序同干压一致，从鞅角开始，压匀、压平，且做到无干麻、不窝浆。

（6）磨麻，当麻绒浮起时进行磨麻，磨麻应全部覆盖。

（7）修理：即将浮麻清除干净。

至此，披麻工序完成，此步骤为地仗的主要工序，务必保质保量完成，以免直接影响地仗质量。

7）压麻灰

在清扫干净的麻层上披上压麻灰。首先薄刮一遍再行反复抹压，使油灰与麻层紧密黏结。其次，满批一道油灰，务使保证其密实度。随后过板，使其达到平、直、圆。其中，油灰厚约2mm。要求较高者还需用薄钢板找补，做到均匀挺直。待油灰干后再行扎线，达到"三停三平"的要求。最后待油灰干透后，采用石片磨去疙瘩、浮粒等，并清扫擦净，掸净浮灰。至此木构件应达到大面平整、曲面浑圆、直顺，并且无脱层空鼓的要求。

8）披中灰

即用皮子在木构件的压麻灰上往返溜抹一道拌好的中灰，而后覆灰一道，再用铁板满刮靠骨灰一道。中灰不可过厚，约1～1.5mm，要求应刮平、刮直、刮圆，干透后采用瓦片将板痕、接头磨平。轧线则使用细灰，最后用湿布掸净浮灰。

9）披细灰

亦称找细灰，是一麻五灰地仗的最后一道灰，油灰一定要细。先用薄金属板将棱角、鞅线、边框、顶根、围脖、线口等部位全部刮贴一道细灰，找齐贴平。再满刮一道掺灰，待干透后再满上细灰一道。宽度小于20mm的小面积区域可采用铁板刮平；宽度不小于200mm的大面积区域采用皮子或板子刮平。灰厚控制在2mm左右，要求鞅角线路齐整、顺直，圆面、圆浑堆成，接头整齐且不留在明显处，无脱层、空鼓鼓、裂缝，待干透后采用细砖打磨，直至表面整齐、平顺，不限接头，最后清扫干净。值得注意的是，上细灰时应避开太阳暴晒和有风天气。

10）磨细钻生

待细灰干透后，采用停泥砖上、下打磨，直至棱角线路整齐直顺、平面平顺齐整、圆面浑圆一致、表面全面断斑。每磨完一件构件需马上钻刷生桐油，做到随磨随钻刷，这可以起到加固"油灰"层的作用。钻刷生桐油时采用丝头或油刷，应把地仗钻到位、钻透，钻至地仗表面浮油不再渗出为止。如遇赶工，亦可在生桐油中加入少量灰油、苏油或稀料，来替代纯生桐油。待4～5小时，应用废干麻擦净表面浮油，以防挂甲。进行上述工序时也应避开太阳暴晒和有风天气。待生桐油完全干透，再用细砂纸整体磨光，最后用湿布蘸水满擦一遍，至此一麻五灰地仗成活完工。

3．成品保护

（1）天花彩画的绘制应针对季节气候的变化，建立防雨、防风、防冻等具体相应的防范措施。

（2）彩画竣工拆除脚手架时，应注意不得碰撞天花板与天花支条等部位。

5.4.4 质量要求

（1）基层处理做法应符合设计要求。

（2）砍制做法必须与操作对象及地仗做法相对应。撕缝无落活，竹钉不松动。

（3）所用材料的品种、质量均应符合设计要求、传统颜料要求，以及古建常规做法。

（4）汁浆：所用材料质量合格，油浆浓度适宜。楦缝用胶黏结时，待胶干燥后再行汁浆。

（5）捉缝灰：材料品种、质量均须合格，选用材料得当。缝大时应投放适当的大籽、楞籽，保证缝内灰实、黏结牢固。

（6）扫荡灰：灰厚2～3mm，灰层之间黏结牢固。较低洼处分几次使灰，待灰干好后再进行下道工序。

（7）使麻：所用材料质量合格。麻厚2～3mm，麻与灰应黏结牢固，无麻包和空鼓现象。

（8）磨麻：八九成干时修缮，磨时出绒而不伤麻筋。晾晒2～3天后再行下道工序。

（9）压麻灰：所用材料质量合格。灰厚1～2mm，造实后附灰，应与麻层黏结牢固，无空鼓现象。板缝隐蔽无接头感。

（10）糊布：所用材料质量合格。布与灰应黏结牢固，糊布无遗漏和空鼓现象。

（11）压布灰：所用材料质量合格。灰厚1~2mm，造实后附灰，与布层黏结牢固，无空鼓现象。板缝隐蔽无接头感。

（12）中灰：所用材料质量合格。灰厚1~2mm，宜薄不宜厚，灰层之间黏结牢固。

（13）细灰：所用材料质量合格。灰厚2~3mm，灰宜稠不宜塘（俗称稀为塘），无缺棱掉角现象，灰层之间黏结牢固。

（14）磨细钻生：选用磨头合理。开始磨时，间距宜小；细磨时，间距可长，但不能磨穿；钻生时，时间间隔要短。

（15）斩砍须使用专用工具，砍制时不应伤及木骨，斧迹分布均匀。

（16）撕缝：2mm以上的缝撕，小缝可不撕，撕的坡度要合理。

（17）楦缝：楦缝用料与楦处应为同材质。翼角楦后整齐美观。

（18）下竹钉：竹钉应用老竹、干竹。

（19）一麻五灰。

（20）汁浆：浆汁应满布无遗漏，防止流坠。油浆浓度不宜过大，以免出现结膜、灰与木质黏结不牢的现象。

（21）捉缝灰：表面平整无野灰、蒙头灰，缝内灰实饱满。

（22）扫荡灰：表面平整，棱角直顺，无接头感。

（23）使麻：薄厚均匀不漏底，无干麻包和空鼓现象。此外，表面平整，秧角整齐、不窝浆。

（24）磨麻：磨距要短，应磨匀不留死角，磨至出绒即可。表面干净无污染。

（25）糊布：连接较好，柱子无通缝。

（26）压麻（布）灰：表面平整、无接头感，无野灰，棱角、秧角直顺。

（27）中灰：表面平整，板口接茬与上道灰错开并无接头感，无野灰，阴阳角整齐，各种线条直顺。

（28）细灰：表面平整无空鼓，阴阳角直顺、无野灰，线条圆润，曲线对称一致。

（29）磨细钻生：鞔角整齐，柱圆棱直，表面平整无鸡爪（龟裂），生油钻透无掷甲。

5.5　油漆修缮

5.5.1　专业术语

（1）油皮：指古建油漆涂饰的表层，涂刷于地仗之上。传统材料一般采用光油，现今多采用普通油漆。

（2）光油：采用天然材料制成的中国传统油漆。以生桐油、苏子油为主熬制而成。除可直接用于油漆罩面外，还可用于配制颜料光油或配制金胶油。

（3）大漆：以漆树上割取的汁液制成的漆。因用途不同存在多种加工方法，相应形成多种产品，如生漆、推光漆等。

（4）大漆漆皮：大漆涂饰的表层。

（5）漆灰地仗：大漆涂饰的基底。根据使用的地仗灰、麻、布、纸等材料的不同，分为漆灰麻布、漆灰单披灰、漆灰糊纸单披灰（图5-12～图5-16）。

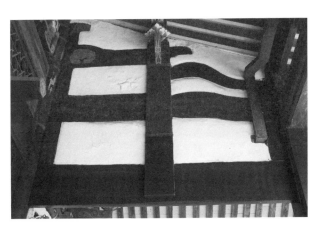

图5-12　梁架
（摄于林则徐纪念馆）

图5-13　柱
（摄于林则徐纪
念馆）

图5-14　望板
（摄于林则徐纪
念馆）

图5-15 梁和匾额（摄于林则徐纪念馆）

图5-16 匾额和屏风（摄于小黄楼）

5.5.2 修缮材料

1．油饰材料

（1）铁红颜料光油：细腻无杂质，无颗粒感。沉淀分层后严格按各道用油分桶存放，并标注明确，必要时过箩筛分。

（2）绿色颜料光油：颜色纯正，细腻无杂质，无颗粒感，必要时可过箩筛分。

（3）章丹颜料光油：颜色纯正，遮盖力强。

（4）朱红颜料光油：鲜艳纯正，细腻无杂质。沉淀分层后严格按各道用油分桶存放，并标注明确。

（5）二朱油：在朱红油中加入铁红油配制而成，比例按设计要求及色板统一调配，不得因分次调配造成同一建筑不同色差。

（6）柿红油：在铁红油中加入樟丹油兑成熟柿子颜色。做木装修、槅扇的二朱红油皮时，采用垫光头道油，其优点为既有遮盖力，又不像樟丹油那样较为粗糙。

（7）大白粉、滑石粉：用作复找腻子的骨料，应细腻、无颗粒感。

（8）砂纸：细砂纸、乏（旧）砂纸、水砂纸。

（9）麻头：磨花活、各种心屉棂条用。

2．漆饰材料

（1）广漆：退光漆加大坯油调制而成，应纯正、无杂质。其中，大坯油即生桐油不加任何催干剂熬制成的光油，亦采用生桐油加催干剂熬炼的光油调制而成。

（2）退光漆：生漆经低温烘烤和日晒脱去漆中水分后称退光漆，也称熟漆或棉漆。应出水干净彻底。

（3）银珠粉：俗称朱红粉，应颜色纯正，上海银珠较好。

（4）豆油：黄豆榨取的油，应清亮、透明、无杂质。

5.5.3　修缮技艺

1．技艺流程

1）油饰修缮工序

清理脱漆层→基层修补→一麻五灰→打磨→浆灰→攒刮血料腻子→清理→磨腻子→垫光头道油→呛粉，磨垫光→二道油→三道油→再次呛粉和磨垫光→罩清油。

2）漆饰修缮工序

清理脱漆层→基层修补→一麻五灰→打磨→攒腻子→操生漆→调配

色漆→垫光漆→二三道漆。

2. 操作技艺

1）油饰修缮工序

（1）清理脱漆层：铲除表面脱落、起泡、开裂部分，构件通体打磨、抛光。

（2）基层修补：应清除木质基层的灰尘、污垢。表面的钉眼、缝隙、毛刺、脂囊采用腻子填补磨光，节疤、松脂部位应用虫胶漆封闭。详见地仗章节。

（3）一麻五灰：参见地仗章节。

（4）打磨：生油干透后用砂纸将要攒腻子的部位打磨一遍，构件表面打磨至平整，随后采用用潮布去其表皮杂质，并清扫干净。

（5）浆灰：以细灰面加血料调成糊状，与铁板满克骨一道，在干后以砂纸磨之，以水布掸净。

（6）攒刮血料腻子：按照血料：水：土粉子=3：1：6调成糊状，以铁板将细腻子满克骨一遍，来回要刮实，并随时清理，以防接头重复。先上后下，先里后外；先磨秧角，后磨大面。磨平面时可用木方缠上砂纸磨，使地仗更加平整光滑。干后以砂纸细磨，以水布掸净。

（7）清理：再次检查遗留问题，对重点部位、阴角及不易磨的地方视情况再次打磨。对地仗清扫干净。

（8）磨腻子：腻子干透后，用砂纸遍磨，潮布禅净。

（9）垫光头道油：以丝头蘸色油搓于细腻子表层，再以油拴横蹭竖顺使油均匀一致，除根朱油先垫光樟丹油外，其他色油均垫光本色油。

（10）呛粉、磨垫光：垫光油干后以青粉呛之，采用滑石粉粉袋在油皮上连拍带擦一遍。磨光后打扫干净并过水，随后用废旧砂纸对垫光油满磨一遍，磨时注意先磨逆纹方向，再磨顺纹方向。磨距宜长，用力宜轻。对油皮的接头、流坠处等重点部位局部再次磨平，直至表面光滑无疙瘩为止。磨光后打扫干净并过水布。

（11）二道油（本色油）：刷油的刷至表面均匀即可。打点者用刷子或油拴将油顺理均匀，有时会碰到第二道油在第一道油皮上凝聚起来，类似将水抹在蜡纸上，此现象称为"发笑"。为防止发笑，每刷完一道油，可用肥皂水或酒精水或大蒜汁水满擦一遍，即可避免这种现象。如出现质量事故，可用汽油洗掉，重新再刷一遍即可。

（12）三道油（本色油）：同二道油操作技艺。

（13）再次呛粉和磨垫光：同步骤（10）。

（14）罩清油（光油）：以丝头蘸光油（不加颜料者）搓于三道油上，并以油拴横蹭竖顺，使油均匀、不流不坠。拴路要直，鞦角要搓到，最后晾干即可。

2）漆饰修缮的工序

（1）清理脱漆层：铲除表面脱落、起泡、开裂部分，构件通体打磨、抛光。

（2）基层修补：应清除木质基层的灰尘、污垢，表面的钉眼、缝隙、毛刺、脂囊采用腻子填补磨光，节疤、松脂部位应用虫胶漆封闭。详见地仗章节。

（3）一麻五灰：参见地仗章节。

（4）打磨：生油干透后用砂纸将要攒腻子的部位打磨一遍，直至构件表面打磨平整，并用潮布抽掉去其表皮杂质，清扫干净。构件表面打磨至平整。

（5）攒腻子：用生漆加石膏粉调制，俗称"膏灰"。用皮子将腻子在磨好的细灰上满攒刮一遍，顺序上应先秧角后大面。正刮反收、反刮正收均匀，尽量将腻子收净，且腻子越薄越好。腻子干后采用水砂纸蘸水打磨，最后擦拭干净。

（6）操生漆：用油栓蘸生漆在地仗上满刷一遍，刷到刷匀，漆皮宜薄不宜厚。

（7）调配色漆：将颜料放入盆内加少许退光漆，用木棒轻搅，使颜料和漆混为一体。经试验有一定遮盖力即算合格，过箩后使用。

（8）漆腻子：生漆加入较细的土籽粉（80目以上）或石膏粉搅拌成浆。用牛角板在地仗上攒刮一遍，刮到刮匀为止，宜薄不宜厚。干透后用砂纸打磨平整，打扫干净，并过一遍水布。

（9）垫光漆：也称头道漆。采用油栓或牛角板将漆开于地仗上，顺序上先鞍角后大面，反复刮抹，横蹬竖顺，直至不窝漆、不流不坠，漆面均匀为止。干后采用砂纸打磨，并打扫干净，过水布。

（10）二三道漆：用垫光漆的方法再次上二三道漆，保证漆面光亮无栓迹。否则，需要重新打磨上漆，直至成活为止。

3．成品保护

（1）地面、墙面、通道及临时工作面提前做好保护，防止交叉污染。

（2）应有防雨、防风、防日晒措施，避免出现质量问题和不必要的损失。

（3）防止磕碰划伤。

（4）彩画部位的地仗应注意防止油漆污染。

5.5.4 质量要求

（1）所用材料的品种、质量符合设计要求。

（2）油饰的颜色、材料、品种、质量均应符合传统颜料的选用规定。

（3）油饰修缮不得漏刷，不得出现斑迹、表面流挂、棕眼、脱皮、皱皮等现象，并应符合表面平整光洁、色泽一致、无刷纹等要求。

（4）无油饰的素面新制构件可进行做旧处理。做旧应根据木材的吃色能力确定涂刷不同浓度的色汁，其色泽应与原有旧木材一致，不得深于原有旧木材的色样。

（5）必须符合设计要求及古建筑常规做法。

（6）漆要调配适当，提前做出样板，以保证漆皮的色度、光泽度满足设计和使用要求。

（7）漆皮与漆皮之间应黏结牢固。

（8）每道漆面应平整均匀，无流坠、起皱、串秧现象。

（9）每次上漆前应将地仗及工具擦拭干净，避免漆皮起砂或附着力不强。

（10）保证成品平整光滑、色度一致、无划痕，秧角整齐、直顺。

5.6　成品保护

（1）通道、门口、墙面、地、柱门等处做好防护，禁止人员往来触摸和剐蹭。

（2）油画工交叉作业切勿相互污染，如有污染应及时擦干净并重新找补。

（3）搓刷每道油时首先清理周围环境，防止灰尘影响油皮质量。

（4）拆卸架子时，避免磕碰建筑物和弄脏油皮。

（5）作业场所要清洁，防止灰尘影响漆皮质量。

（6）做好地面、墙面保护，防止相互污染。

5.7　安全环保措施

（1）油漆前应将架木及地面打扫干净，洒以净水，以防灰尘扬起污染油活。一般在罩清油时有抄亮现象，其原因有寒抄、雾抄、热抄等。在下午15：00点之后，不可罩清油，以防入夜不干而寒抄。雾天不可罩清油，以防雾抄。冷热气温不均，则热面抄亮，而冷面不抄。

（2）当刷完第一道油以后，再刷第二道油。有时会碰到第二道油在第一道油皮上凝聚起来，好像把水抹在蜡纸上一样，这种现象叫作"发笑"。为防止"发笑"，每刷完一道油可用肥皂水或酒精水或大蒜汁水，满擦一遍，即可避免这种现象。如出现质量事故，可用汽油洗掉，重新再刷一遍即可。

（3）椽望油漆。老檐应由左而右，飞檐应由右而左操作。搓绿油时，手有破伤者不得操作，以防中毒。洋绿有剧毒，应谨慎使用。

参考文献

[1] 中华人民共和国建设部. 古建筑木结构维护与加固技术标准：GB/T 50165—2020[S]. 北京：中国建筑工业出版社，2020.

[2] 中华人民共和国住房和城乡建设部. 木结构工程施工质量验收规范：GB 50206—2012[S]. 北京：中国建筑工业出版社，2012.

[3] 中华人民共和国住房和城乡建设部. 木结构设计标准：GB 50005—2017[S]. 北京：中国建筑工业出版社，2018.

[4] 中华人民共和国住房和城乡建设部. 建筑工程施工质量验收统一标准：GB 50300—2013[S]. 北京：中国建筑工业出版社，2013.

[5] 中华人民共和国住房和城乡建设部. 古建筑修建工程施工与质量验收规范：JGJ 159—2008[S]. 北京：中国建筑工业出版社，2008.

[6] 中华人民共和国建设部. 古建筑修建工程质量检验评定标准（南方地区）：CJJ 70—96[S]. 北京：中国建筑工业出版社，1997.

[7] 中华人民共和国住房和城乡建设部. 建筑工程施工质量评价标准：GB/T 50375—2016[S]. 北京：中国建筑工业出版社，2017.

[8] 中华人民共和国建设部. 混凝土用水标准：JGJ 63—2006[S]. 北京：中国建筑工业出版社，2006.

[9] 中华人民共和国住房和城乡建设部. 传统建筑工程技术标准：GB/T 51330—2019[S]. 北京：中国建筑工业出版社，2019.

[10] 中华人民共和国住房和城乡建设部. 历史文化名城保护规划标准：GB/T 50357—2018[S]. 北京：中国建筑工业出版社，2018.

[11] 中华人民共和国住房和城乡建设部. 砌体工程施工质量验收规范：GB 50203—2011[S]. 北京：中国建筑工业出版社，2011.

[12] 中华人民共和国住房和城乡建设部. 建筑地面工程施工质量验收规范：GB 50209—2010[S]. 北京：中国计划出版社，2010.

[13] 中华人民共和国建设部. 普通混凝土用砂、石质量标准及检验方法：JGJ 52—2006[S]. 北京：中国建筑工业出版社，2006.

[14] 罗景烈. 福州传统建筑保护修缮导则[M]. 北京：中国建筑工业出版社，2018.

[15] 文化部文物保护科学技术研究所. 中国古建筑修缮技术[M]. 北京：中国建筑工业出版社，1983.

后记

　　本书由中建海峡建设发展有限公司编著，编写组成员涵盖了老工匠、技术人员、管理人员，是他们的倾力协作才有了本书的成稿。因三坊七巷修缮项目距今已有十余年，部分过程资料未能妥善保存，幸有福州市建设工程质量监督站刘国峰高工提供的大量珍贵素材，方能顺利成书，在此表示感谢。在编写过程中，除充分发挥编写组成员作用外，还邀请了多位福建省内行业专家作为顾问并参与本书编写工作，如福建工程学院严龙华教授、福州大学张鹰教授、福州市历史文化名城管委会林少鹏高工等都提出了诸多精辟建议，在此深表感谢。本书稿写出之后，福建工程学院麻胜兰老师还专门进行了斧正，在此一并感谢。

　　本书是在福建省住房和城乡建设厅林瑞良厅长的建议和指导下，编写出的一本应用性技术图书，希望对我国历史文化街区改造从业者能够有所帮助，同时也为2021年于福州市召开的第44届世界遗产大会献礼。此外，还要感谢福建省住房和城乡建设厅蒋金明副厅长对本书编写工作的关心与支持，感谢他在百忙之中为本书作序。由于编写时间比较仓促，本书中如有不妥之处，也欢迎广大读者朋友批评指正。